隧道突涌灾害形态分析法

黄世武　著

科学出版社
北　京

内 容 简 介

为了破解隧道及地下工程突涌灾害定量化分析的难题，本书从隧道突涌灾害形态分析入手，提出识别隧道突涌灾害类型的量化方法；建立隧道突涌灾害暴发模型，并形成隧道灾害治理与治理质量评价的量化方法体系。面对突涌灾害，该方法体系适用于定量化估算隧道掌子面突涌灾害暴发危险程度、治理加固半径、隧道突涌临界顶板厚度、治理段的预留长度与可开挖长度等技术指标或参数。书中既有一定程度的理论推演，又有详实的工程案例作为支撑。

本书适合高校岩土工程、隧道及地下工程等相关学科研究生学习使用，也适合隧道及地下工程建设管理、科研、设计、施工及监理等从业人员参考阅读。

图书在版编目(CIP)数据

隧道突涌灾害形态分析法/黄世武著．—北京：科学出版社，2018.6

ISBN 978-7-03-057211-0

Ⅰ.①隧… Ⅱ.①黄… Ⅲ.①隧道-涌水-防治-形态分析 Ⅳ.①U453.6

中国版本图书馆 CIP 数据核字(2018)第 083375 号

责任编辑：孙寓明/责任校对：叶向荣

责任印制：彭 超/封面设计：苏 波

科学出版社 出版

北京东黄城根北街 16 号

邮政编码：100717

http://www.sciencep.com

武汉精一佳印务有限公司印刷

科学出版社发行 各地新华书店经销

*

开本：787×1092 1/16

2018 年 6 月第 一 版 印张：10 3/4

2018 年 6 月第一次印刷 字数：272 000

定价：108.00 元

(如有印装质量问题，我社负责调换)

序

工程师的职责，就是要用简单有效的办法处理复杂的工程问题。隧道突涌灾害是复杂的工程问题，经历了多次隧道突涌灾害挑战与考验的黄世武工程师提出了简单有效的解决方法。

面对隧道突涌隐患或灾害，隧道断面及区段的灾害程度、掌子面突涌灾害暴发的危险程度、隧道临界顶板厚度、引排水效果、治理循环区段的断面帷幕注浆加固半径、帷幕注浆区段合理长度、可开挖长度及预留长度等关键技术问题，均需恰当地应对与解决，目前既有经验在某些方面起到了一定的指导作用，但是还不能覆盖到突涌灾害识别与分析、灾害治理、治理评价的完整工作闭环和过程。

黄世武工程师紧紧抓住了隧道突涌灾害程度评估的问题核心，将隧道突涌源形态系数、隧道等效断面巧妙地结合起来，提出了隧道断面和区段的灾害隐患程度的估算方法，以隧道等效断面突涌烈度为纽带，将隧道突涌隐患的识别与分析、治理评价工作关联起来，形成了一套完整的隧道突涌灾害识别、灾害治理、治理质量评价的方法体系。

这套方法将隧道量化分析推到了新层面，原创性强，简单易行，科学合理，经过了实践检验，具有较大的推广应用价值。期待本书的出版，为解决隧道及地下工程的突涌问题提供有效帮助，给推动行业技术进步带来积极作用。

中国工程院院士：

2018 年 4 月 19 日

前　言

全世界有数十万座隧道，然而只有少量的隧道存在严重的突涌隐患；存在严重突涌隐患的隧道中，其实只有少数路段为重灾区域；在重灾区域中，隐患没有被引发的只占少数，多数突涌隐患似乎不可避免地演化为突涌灾害。可见确实不可小看这些“少数”隐患，若真的发生了特大突涌灾害，处治代价将非常高昂，并将长时间折磨建造者。

隧道突涌隐患较低的占比率和较高的暴发率，两者对比明显，要解决隧道突涌问题我们还面临着很深的瓶颈，在对隧道突涌隐患的识别、治理、评价环节，还存在较大的缺陷，已有方法得出的成果与实际偏离较大，未能从根本上遏制突涌隐患转化为灾害的势头。

当然，我们不应夸大突涌灾害的可怕程度，经过艰苦拼搏和艰辛博弈，目前还没有贯通不了的突涌隧道；夸大突涌灾害程度，可能会将改变从业者的心态，增加抗突涌的难度。因此，如何突破瓶颈，将定性与定量化分析推向更高的层面，是当务之急。

本书首先分析隧道水-岩环境，使用水压、围岩强度、围岩颗粒级配修正系数定义突涌源形态系数，确定6种突涌源形态类别；基于水文地质条件不一定均匀分布的状况，对隧道断面进行力学分区和几何分区，确定隧道基准等效断面，提出估算隧道等效断面突涌灾害程度的方法，为识别、分析、治理、评价提供依据。建立隧道突涌灾害暴发模型，提出非突涌隐患区、过渡区、突涌隐患区的概念，形成掌子面突涌灾害暴发的危险程度、帷幕注浆加固半径、隧道临界顶板厚度、引排水效果、治理循环区段的帷幕注浆长度、开挖长度及预留长度的估算法。开展孕灾地质分析，将孕灾地质构造与突涌因素建立联系，研究引排水和注浆的尺度效应，为开展有针对性的环境干预与改造指明方向。

基于隧道突涌隐患和突涌灾害存在密切联系的判断，在隧道设计与施工中，利用突涌源形态系数进行正向分析，以识别突涌隐患，并推测突涌灾害的宏观形态；依据异常情况和灾害的宏观形态进行反向分析，可推断隐患。在勘察、设计、治理及质量评价各环节工作中，循环交互使用正向分析法和反向分析法，一环扣一环，将较好地满足抗突涌的需求。这套方法，我们暂且称为隧道突涌形态分析法。

读者将会发现，隧道突涌灾害形态分析法得到的成果与人们长期以来积累的经验基本相符，却不需要进行复杂的理论推导和演算，怎么来看待这个问题呢？首先，同大家一样，作者也希望依靠理论计算来破解突涌问题，然而隧道水文地质的复杂性，导致量化计算还不够成熟，在这样的条件下，研究隧道突涌问题就得将经验镶进理论中，确保分析结果与实际的偏差不至过大。就像射箭，评价初练射箭人员的射箭命中率，不能强求他们做到百步穿杨、一箭穿心，而是只要不脱靶就算准，先求不脱靶，再求精确与精准。隧道及地下工程的事情，只要目前“不脱靶”，就能够解决当前工程问题，逐步积累经验教训，进而突破技术瓶颈。

本书得到了广西交通投资集团公司、广西壮族自治区交通运输厅、中国科学院武汉岩土力学研究所、山东大学、交通运输部公路科学研究院、中非国际建设工程有限公司等单位的大力支持与帮助，王梦恕院士、谭忠盛教授、仇玉良博士、陈卫忠研究员、李利平教授、杨磊博士、杨庆国博士、袁敬强博士、刘金泉博士、张宗桂高级工程师、李思李博士等专家学者提供很多建设性的意见及参考资料，在此表示衷心的感谢！

由于作者水平与认识有限，且隧道突涌问题极其复杂，书中疏漏之处在所难免，为了共同破解该问题，真诚恳请读者予以反馈意见，并给以批评指正。

黄世武
2017 年 12 月

目　录

第1章 绪 论

自然洞穴作为原始人类的庇护所，是人类文明的发源地，而隧道及地下工程是人类运用智慧、科技、物力而开拓的人工洞穴，是人类文明进程中的阶段性产物。

人工洞穴自农业文明时代就得到一定发展；工业文明时代，科技与生产力的快速发展与变革，使地面建筑发展迅猛，隧道及地下工程也得到了较大发展，但是总体发展速度与规模仍远远低于地面建筑。在当今农业、工业、信息与智能文明混合发展的新时代，人工建筑的发展重心将逐步转移到隧道和地下空间工程上，更远久的将来则是向深空、深海、深地发展。

深地是人类第三空间，扩展第三空间是人类的使命和重要课题。隧道是深地建筑的先导工程，在建设过程中还面临着许多技术瓶颈，突涌灾害问题则是其中难题之一，至今尚未取得根本性的突破。

1.1 多形态的隧道突涌灾害

隧道突涌灾害的概念是从采矿工程中的相关概念引申而来。矿井涌水灾害，系指大气降水、地表水和地下水通过各种通道流入井下巷道的灾害现象；矿井突水灾害，系指大量地下水突然集中涌入井巷的灾害现象；矿井突泥突砂灾害，又称为涌泥涌砂灾害，系指伴随矿井巷道内的突水活动，大量泥沙涌入巷道的灾害现象。

隧道工程学科将涌水灾害与突水灾害合并统称为隧道涌水灾害；将突泥突砂灾害，或涌泥涌砂灾害，包括突石或涌石灾害，合并统称为隧道突泥灾害；将既有涌水灾害又有突泥灾害的混合灾害统称为隧道涌水突泥灾害。为此，本书将隧道涌水灾害、突泥灾害、涌水突泥灾害及它们的混合型灾害，统称为隧道突涌灾害。涉及突涌灾害的工程问题，简称为隧道突涌问题。

1.2 隧道突涌灾害的危害

在实践当中，涌水灾害、突泥灾害可能单独发生，可能混合暴发；可能先发生涌水灾害再引发突泥灾害，或先暴发突泥灾害再带来涌水灾害；或先引发突泥灾害然后带来涌水突泥迸发灾害；或者发生涌水突泥迸发灾害后，突泥基本停止，涌水仍在继续；总之，因水文地质条件的不同，隧道突涌灾害的程度和形态也不同。

隧道突涌问题容易在断层、岩溶、暗河、富水软弱破碎地层等工程地质中发生，同时，岩爆、大变形、瓦斯涌出或爆炸等灾害，也可能引发突涌灾害。突涌问题与突涌灾害，一般蕴藏于隧道各类灾害当中，或伴生或连锁或兼而有之。在设计与施工当中，若处治得当，可以抑制或避免灾害的发生，减轻灾害程度；相反，若处治失当，不但消除不了突涌灾害，还容易引发次生灾害。

隧道突涌灾害及次生灾害造成的人员伤亡、工程破坏、财产损失、工期拖延，令建设者谈虎色变。根据调查，发生特大突涌灾害的隧道修建费用达到 0.25 万～0.5 万元/m^2（面积以开挖轮廓线内的断面面积计算），以 2 车道公路隧道为例，修建费用达到 25 万～50 万元/延米，是正常隧道建造费的 5～10 倍(黄世武,2017)。兰渝铁路工程计划工期 5 年,而其中的胡麻岭隧道的实际工期 9 年;大瑞铁路工程计划工期 6 年,其中的大柱山隧道实际工期为 13 年;吉莲高速公路工程计划工期 3 年,其中的永莲隧道实际工期接近 6 年。可见隧道突涌灾害在各方面都带来了较严重的损失,危害巨大。

1.3　隧道突涌灾害的识别、治理与治理质量评价的主要经验

面对隧道突涌灾害,灾害识别、灾害治理、治理质量评价是三大关键工作。灾害识别,主要是以某些指标或参数来确定灾害形态和程度;灾害治理,涉及隧道排水和围岩加固两方面,隧道排水主要是选择合适的排水方式,围岩加固主要是确定隧道断面的加固厚度、区段的加固长度;治理质量评价,包括治理效果评价及开挖决策,治理效果评价是评估治理断面及区段的灾害程度是否已降低至可接受范围,开挖决策主要是确定治理区段的可开挖长度和预留长度。经过长期的抗突涌实践,得到了以下经验,见表 1.1。

表 1.1　隧道突涌灾害识别、灾害治理、治理质量评价的主要经验

工作环节		涌水灾害或涌水隐患	涌水突泥灾害或涌水突泥隐患	突泥灾害或突泥隐患
灾害识别		常用指标:水量,包括区域汇水量、巷道涌水量、裂隙或钻孔的出水量等。 一般方法:用水量经验值对灾害进行程度分级,不同灾害级别对应不同的水量经验值	组合指标或参数:含水量,水压,颗粒级配及含量,围岩自稳性,环境构造特征、围岩变形速率等。 一般方法:从不同角度反映灾害的易发性,定性分析风险	组合指标或参数:含水量,水压,颗粒级配及含量,围岩自稳性,环境构造特征、围岩变形速率等。 一般方法:从不同角度反映灾害的易发性,定性分析风险
灾害治理	排水方式选择	土体颗粒直径或岩体裂隙宽度	土体颗粒直径或岩体裂隙宽度	土体颗粒直径或岩体裂隙宽度
	围岩加固尺度	1. 断面加固厚度: ①采用厚壁筒理论公式 ②或采用注浆经验公式 2. 加固长度:采用注浆经验公式	1. 断面加固厚度: ①采用厚壁筒理论公式 ②或采用注浆经验公式 2. 加固长度:采用注浆经验公式	1. 断面加固厚度: ①采用厚壁筒理论公式 ②或采用注浆经验公式 2. 加固长度:采用注浆经验公式
治理质量评价	治理质量评价	1. P-Q-T 试验指标 2. 钻孔成孔率 3. 钻孔出水量 4. 总堵水率 5. 钻孔心样强度 6. 浆脉填充效果	1. P-Q-T 试验指标 2. 钻孔成孔率 3. 钻孔出水量 4. 总堵水率 5. 钻孔心样强度 6. 浆脉填充效果	1. P-Q-T 试验指标 2. 钻孔成孔率 3. 钻孔出水量 4. 总堵水率 5. 钻孔心样强度 6. 浆脉填充效果
	决策	可开挖长度及预留长度:依据注浆经验公式	可开挖长度及预留长度:依据注浆经验公式	可开挖长度及预留长度:依据注浆经验公式

1.3.1 灾害识别既有经验

1. 以水量估算推断隧道涌水灾害级别

预设计阶段需要进行地质调绘，目的是调查清楚隧道穿越地段及周边一定范围内的水文地质状况。在地质方面，重点是异常地质构造与隧道相交汇或相靠近的情况，如断层带、褶皱与隧道在空间上的联系状况。在水文方面，工作重点是推算隧道的涌水量。估算区域涌水量有多种办法。例如，《铁路工程水文地质勘察规范》(TB 10049—2014)采用了大气降水入渗法预测涌水量的办法。估算得到含水体地段涌水量后，将该含水体地段涌水量与经验值对比，可推断隧道涌水灾害程度，见表 1.2。涌水灾害分为 4 个级别，每个级别有相应的经验数值区间，具体的含水体地段涌水量处于哪个区间，隧道涌水灾害程度就对应该级别。同样道理，可以通过简易均衡法、地下径流法估算隧道涌水量，亦能推断隧道涌水灾害程度。

表 1.2　突水灾害水量分级

涌水级别	水量 $Q/(m^3/h)$	说明
A	$Q \geqslant 10\,000$	突水型：瞬间以大于 0.5 MPa 的水压涌出，时间长
B	$1\,000 \leqslant Q < 10\,000$	涌、突水型：水压小于 0.5 MPa，过渡型
C	$100 \leqslant Q < 1\,000$	涌水型：水压小，靠动水压流动，不影响施工
D	$10 \leqslant Q < 100$	地下水缓缓流动，顺坡施工时满足排水要求

无论是大气降水入渗法还是简易均衡法、地下径流法，潜在的假设条件均为地下水分布是均匀的，而实际上更多的情况下是不均匀的。因此，以水量指标推断涌水灾害程度具有一定可行性，但是可靠度不高，若用于推断突泥灾害、涌水突泥灾害，则可靠度更差。

在设计阶段，通过勘察估算涌水量而推断隧道涌水灾害程度的方法，称为正向分析方法。在施工阶段，使用实际测量得到隧道巷道的涌水量或某些部位的出水量，从而判断隧道涌水灾害程度的方法称为反向分析方法。采用以上两方法得到的结论基本接近，说明推断准确，则正向分析和反向分析就起到相互校核的作用。

2. 多角度反映突泥灾害、涌水突泥灾害的易发性

以土体含水量结合颗粒含量数据间接判断隧道突涌灾害的易发程度。土体的颗粒级配、颗粒含量、含水量与坍塌灾害具有正向关系。例如，岩溶地区的溶洞积泥、花岗岩地区靠近富水地段的岩土体、深厚残积花岗岩土体、粉砂层等地层，土体颗粒含量、含水量与突涌的发生关联密切，如表 1.3、表 1.4 及图 1.1 所示(关宝树 等，2011)。

表 1.3　砂土围岩掌子面的自稳条件

分类	细粒径含有率 f/%	均匀系数(U_C)
自稳困难	<10	<5
有条件自稳	10～20	≥5
自稳性好	>20	—

表 1.4 没有涌水的土砂围岩的崩塌判断标准

分类	缺乏自稳性	自稳可能性	备注
含水量(w)/%	$w<15$ 或 $w>30$	$15\leqslant w\leqslant 30$	$w>30$,成田新干线的数据
细粒径含有率(f)/%	$f<8$	$f\geqslant 8$	与 w 有关
10%粒径(D_{10})/mm	$D_{10}>0.1$	$D_{10}\leqslant 0.1$	与 U_C 有关
均匀系数(U_C)	$U_C<2$	$U_C\geqslant 2$	—

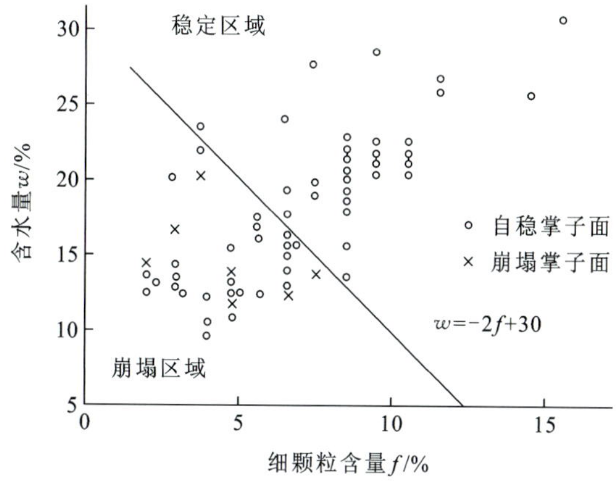

图 1.1 细颗粒含量、含水量与坍塌易发性的关系图

从土体颗粒级配的角度判别流土和管涌的易发性。水利与电力系统在《工程建设水文地质勘察标准》(CECS 241:2008)中,总结了关于场地发生流土与管涌的如下经验(周载阳等,2008)。

流土

$$f\geqslant(1/4)\times[1/(1-n)]\times 100$$

管涌

$$f<(1/4)\times[1/(1-n)]\times 100$$

式中:f 为土的细颗粒含量(颗粒粒径小于 0.075 mm),以质量百分率计(%);n 为孔隙率。

对于不均匀系数 $C_u>5$ 的不连续级配土,流土:$f\geqslant 35\%$;管涌:$f<25\%$;过渡型:$25\%\leqslant f<35\%$。

部分学者将水库、河流堤坝管涌的治理经验引进到隧道工程,主要是从土体颗粒组成及不均匀性来评价其出现突涌灾害的易发特性,这对土质围岩隧道具有一定的参考意义,对于硬质岩石隧道,则难以适用。

从围岩稳定性与围岩分级对应的角度来间接预判突泥灾害。围岩质量分级是一个综合性指标,综合了隧道地下水、围岩结构面、区域地应力的环境因素,其主要用于隧道围岩自稳性的定性评价,围岩分级与围岩稳定性具有对应关系,见表 1.5(廖朝华 等,2012)。一般依据该对应关系,间接预判第 VI 级、第 V 级、第 IV 级富水软弱围岩发生突泥灾害的可能性。

表 1.5 围岩分级及自稳定性评价

围岩级别		自稳性评价
基本级别	亚级	
I 级	—	跨度 20 m，可长期稳定，偶有掉块，无塌方
II 级	—	跨度 10～20 m，可基本稳定，局部可发生掉块或小塌方；跨度 10 m，可长期稳定，偶有掉块，无塌方
III 级	III-1	跨度＞18 m，可发生中-大塌方；跨度 10～18 m，可暂时稳定，可发生小-中塌方；跨度 10 m，基本稳定
	III-2	跨度＞14 m，可发生中-大塌方；跨度 7～14 m，可暂时稳定，可发生小-中塌方；跨度 7 m，基本稳定
IV 级	IV-1	跨度＞9 m，可发生中-大塌方；跨度 7～9 m，可暂时稳定，可发生小塌方；跨度＜7 m，基本稳定
	IV-2	跨度＞7 m，可发生中-大塌方；跨度 6～7 m，可暂时稳定，可发生小塌方；跨度＜6 m，基本稳定
	IV-3	跨度＞5 m，可暂时稳定-不稳定，可发生中-大塌方；跨度＜5 m，基本稳定
V 级	V-1	跨度＞6 m，完全无自稳性；跨度 4～6 m，可暂时稳定，可发生中-大塌方；跨度＜4 m，基本稳定
	V-2	跨度＞4 m，完全无自稳性；跨度 3～4 m，可暂时稳定，可发生中-大塌方；跨度＜3 m，基本稳定
VI 级	—	无自稳性

注：小塌方，塌方高度＜3 m，或塌方体积＜30 m^3。

中塌方，塌方高度 3～6 m，或塌方体积 30～100 m^3。

大塌方，塌方高度＞6 m，或塌方体积＞100 m^3。

1.3.2 灾害治理既有经验

1. 排水方式的选择

经过长期实践发现土体颗粒直径或岩体裂隙宽度与排水适用方式存在密切联系，发明了重力式排水、真空排水、电气渗透排水等排水适用方式。结合水压、水量、围岩情况总结了一些治水的定性经验，例如：对地下水“防、排、堵、截”的四种办法；“排水降压，边探边注，探注结合”的施工办法；“以堵为主”或“以排为主”或“排堵结合”的办法与适用条件；隧道设置“高位排水、中位排水、低位排水”的适用条件与措施。排水方式与治水措施选择得当，才能获得较好的功效。

在设计阶段，通过勘察获得土体颗粒直径或岩体裂隙宽度的数据，可为施工阶段采取何种排水方法提出建设性意见；在施工阶段，也通过勘察获得更准确的土体颗粒直径或岩体裂隙宽度的数据，视情况调整排水方式。

2. 帷幕注浆加固厚度的确定

(1) 按第四强度理论确定帷幕注浆厚度

隧道及加固范围可简化厚壁筒模型，如图 1.2 所示。

帷幕注浆厚度按第四强度理论计算，结果如下式所示（张民庆 等，2008）。

$$B_1=\frac{D}{2}\left(\sqrt{\frac{\sigma}{\sigma-\sqrt{3}P_z}}-1\right)$$

式中：B_1 为帷幕厚度(m)；D 为隧道开挖等效直径(m)；σ 为围岩固结体允许抗压强度(MPa)；P_z 为最大静水压力(MPa)。

厚壁筒模型的假设条件是地下水分布均匀和围岩均质，实际情况并不一定如此，所以，帷幕注浆加固厚度的计算结果不一定可靠。

(2) 按注浆经验公式确定帷幕注浆厚度

根据以往隧道工程注浆加固和堵水施工经验(张民庆 等，2008)，帷幕注浆厚度的经验值为

$$B_1=(0.5\sim1.0)D$$

实践表明，上式也有一定适用条件，若突涌灾害程度或隐患程度特别高，采用上式经验值可能就较为危险，若突涌灾害程度或隐患程度特别弱，采用上式经验值可能就带来资源浪费。

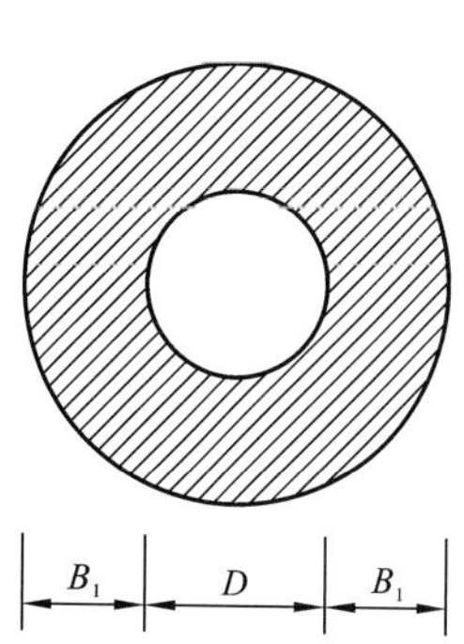

图 1.2 隧道帷幕注浆厚度的厚壁圆筒模型图

(3) 采用矿业系统的防突水经验确定隔水层安全厚度

矿业系统为了评价矿井水灾的危险程度，从力学平衡原理入手，引入了突水系数经验计算公式及经验数值。突水系数是指含水层中静水压力与隔水层厚度的比值，其物理意义是单位隔水层厚度所能承受的极限水压值。《矿区水文地质工程地质勘探规范》(GB 12719—19)(国家技术监督局，1991)以及《煤矿防治水规定》(国家安全监管总局 等，2009)的安全隔水层厚度和突水系数计算公式分别如下。

安全隔水层厚度计算公式为

$$L=\frac{B\times\left(\sqrt{\rho^2\times B^2+8\times K_p\times H}-\rho\times B\right)}{4\times K_p}$$

式中：L 为安全隔水层厚度(m)；B 为采掘工作面最大宽度(m)；ρ 为隔水层围岩的平均重度(MN/m^3)；K_p 为隔水层围岩的抗张强度(MPa)；H 为隔水层承受的水头压力(MPa)。对于具体的隧道，如隔水层实际厚度小于计算值 L 时，是不安全的。

《矿区水文地质工程地质勘探规范》中的突水系数计算公式为

$$T_s=P/(M-C_p)$$

《煤矿防治水规定》中的突水系数计算公式为

$$T_s=P/M$$

式中：T_s 为突水系数(MPa/m)；P 为隔水层承受的水压(MPa)；M 为隔水层厚度(m)；C_p 为采矿对隔水层的扰动破坏厚度(m)。

就全国实际资料看，按上两式计算，围岩受结构破坏块段突水系数一般不大于 0.06 MPa/m；正常块段，《矿区水文地质工程地质勘探规范》规定不大于 0.15 MPa/m，《煤矿防治水规程》规定不大于 0.1 MPa/m。

虽然被列入矿业规范，但由于前方灾害隐患在断面上的分布情况没有阐明，矿业界仍有大量文献反映使用突水系数经验公式算得的数值往往过小，存在较大风险(中国工程院，2013)。

1.3.3 治理质量评价

1. 治理质量评价

实践上，用于治理质量评价的指标或参数较多，如，*P-Q-T* 试验指标、钻孔成孔率、钻孔出

水量、总堵水率、钻孔心样强度、浆脉填充效果等，主要是依据经验值来判断，各地(或各系统)的经验值略有差距。

对于总体质量，一般不宜凭单个指标或参数作出结论，须多个指标或参数相互校核，最终综合评价。

2. 开挖决策

按下述经验公式确定帷幕注浆段落长度、开挖长度、预留长度(张民庆等，2008)

$$L_{帷幕}=(3\sim5)B_1$$

$$L_{开挖}=(0.7\sim0.8)L_{帷幕}$$

$$L_{预留}=(0.2\sim0.3)L_{帷幕}$$

实践表明，上述公式在一定条件下使用，是安全可靠的；但是若前方地段的突涌隐患程度严重，不作调整，就会面临较大风险。

1.3.4 既有经验的作用和主要不足

1. 既有经验的作用

上述突涌灾害识别、灾害治理、治理质量评价环节的主要既有经验，对抗突涌有一定帮助，起到了一定作用。

(1) 采用某些指标或参数来反映隧道突涌灾害的形态，具有一定可行性。使用水量单因素来识别与分析突涌灾害，对涌水灾害而言还是具有一定对应性，如果将水量指标转换为水压指标，或许效果更好，因为水压与水量具有一定关联性。水压与其他方面的关联度要比水量与其他方面的关联度好，煤矿系统的防突水经验与水利系统的防管涌经验使用了水压的指标，应用效果得到一定提升。既有经验在多角度定性分析突泥灾害、涌水突泥灾害的易发性方面，起到了预警的作用。

(2) 正向分析与反向分析是隧道信息化设计与施工的重要手段。在设计中，依据水量、颗粒含量、水压等指标开展正向分析，预测灾害程度；在施工过程，发现异常情况即开展反向分析，做出临灾反应，已成为设计与施工必须执行的规章制度；在设计与施工中，交互进行正向分析与反向分析，体现了隧道动态设计、动态施工的特点与要求，既有经验的这一精髓应予以吸纳。

(3) 虽然尚未找到适用于灾害识别、灾害治理、治理质量评价环节的成套体系方法，但是在各环节使用众多的指标或参数来开展抗突涌工作，在一定程度上减少了施工安全风险。说明突涌分析存在可行路径，若综合概括得当，将会找到突破口。

2. 主要不足

(1) 突涌灾害识别、治理与质量检验评价，各环节使用不尽相同的指标或参数，导致环节之间关联不够密切，联系不强，有所脱节，一体化量化分析未形成方法体系。使用的指标、参数种类众多，涉及面广，本环节或这会儿使用某些指标或参数，另一环节或那会儿则另起炉灶，普遍多数以经验值定性分析为主导，明显呈现了零打碎敲的现象。

(2) 隧道突涌灾害与隧道力学空间、围岩稳定性、地下水运动状态、施工扰动紧密相关，但是目前还未能将相应指标或参数结合到一起，使之既能反映涌水灾害形态，也能反映突泥灾害、涌水突泥灾害，从而未找到合适的体系方法，使之适用于突涌灾害的识别、治理、治理质量评价三个主要环节。

(3) 正向分析与反向分析手段未得到充分使用。勘察技术为定性化、定量化识别与分析突涌隐患提供了有力手段，但是多项参数或指标仍处于仅能够用于定性化分析的层面，比如，地质调绘得到的含水地段涌水量或巷道涌水量数据，看似是量化的数据，但是地质调绘尚未深入隧道未掘进环境的内部，因此，以水量数据开展的分析其实只能算作定性分析；物探得到的探水成果结论是围岩的含水状态，只能用于定性分析；钻孔出水量仅代表钻探的窄小范围，以此推断其代表隧道断面或段落的水量，也不够准确。

1.3.5　抗突涌实践效果及需求

实践上，多数存在严重突涌隐患的隧道，同一地段多次重现突涌灾害、相邻不远地段先后暴发突涌灾害、严重隐患地段推进极其缓慢等情况还比较普遍，充分说明了依靠既有经验开展工作还存在较大的问题，既有经验不够可靠，抗突涌技术瓶颈尚未突破。

具体隧道的抗突涌过程，从识别与分析突涌问题环节开始，进入治理环节，再到治理质量评价环节，一环紧扣一环，在需求上要求有适用于各环节的科学合理、简单有效的体系方法，为此，需要克服各环节联系性弱、可传递差、脱节断链的缺陷，以扭转突涌隐患转化为灾害多发的严峻局面。

1.4　本书的任务及构想

1. 探索适用于抗突涌各环节的指标或参数

既有经验表明，使用某些指标或参数来识别突涌灾害某类形态具有一定可行性，但是还未做到适用于准确识别所有突涌灾害形态。如何将有关指标和参数合适地组合，从而找到能够准确识别所有突涌灾害形态的方法，有待于本书的探讨。

因为灾害识别、灾害治理、治理质量评价三个环节，均涉及隧道力学空间、围岩稳定性、地下水运动状态、施工扰动的问题，本书拟将这几方面的指标或参数结合到一起，寻找突破口，假设找到了适用指标或参数，可推断它不仅会适用于灾害识别，还应适用于灾害治理、治理质量评价，并可形成一套方法体系。

2. 分析孕灾地质

综合多因素来定义突涌灾害形态及类型，为识别与分析隧道隐患或灾害提供依据。灾害或隐患的源头来自孕灾地质，而孕灾地质存于隧道水-岩环境中，假设能够综合多因素来定义突涌灾害形态及类型，则可在突涌灾害暴发前，通过勘察采集得到相关数据，结合突涌灾害形态及类型的定义与概念来判断可能发生的灾害隐患，推断灾害形态及严重程度；在灾害即将暴发或暴发后，凭观察到的灾害形态与严重程度，可以反推突涌源头的水文地质情况。为正向分析和反向分析奠定基础。

3. 针对抗突涌关键具体问题，提出有效解决方法

（1）通过识别组成隧道断面各部位的突涌灾害表现形态，提出确定隧道断面、区段的突涌隐患程度的估算方法。

（2）依据当前掌子面与突涌隐患断面、区段的位置相对关系，提出当前掌子面暴发突涌灾害的危险程度的估算方法，估算纵向安全临界距离、断面安全临界厚度、隧道顶板临界厚度。

（3）有效处治隐患或灾害，提出治理隐患的有效方法，重点内容是引排水的有效方式、注浆加固围岩厚度、注浆区段长度及质量效果评价。

（4）正确应对施工过程的异常情况的方法，包括正向分析与反向分析的适用路径，服务于临灾反应、应急反应。

通过上述努力，建立突涌灾害暴发模型，形成一套覆盖灾害识别、灾害治理、治理质量评价环节的方法体系，使用典型突涌隧道的数据予以检验和验证，判断其适应性、可靠性。

第 2 章　地质块水-岩环境分析

隧道地下环境复杂多变且不均匀，各区域环境水文地质条件构成未必相同，但若将区域范围缩小到一定程度，总可以找到一块水文地质条件均匀的区域。在某种条件下，具有相同水文地质条件的区域可以视为均质的地质块。例如，水压力、围岩强度、组成粒径等指标或参数基本一致的区域，可以视为一个地质块。性质不同的地质块有大有小，小至仅占据隧道某些部位，大至占据隧道一定区域。如何评估地质块的突涌隐患性质，是在突涌灾害识别环节遇到的第一类难题。

地质块主要由围岩环境和地下水环境构成。地质块环境稳定性主要由围岩做支撑，围岩约束着水体，水体趋向突破围岩的约束，降低或弱化围岩支承能力。隧道突涌隐患就孕育在地质块的水-岩环境变化之中，隐患在一定条件下转化为灾害。因此，通过开展对隧道水-岩环境变动情况的正反向分析，可以识别隧道突涌隐患或灾害形态。

2.1 围岩稳定性的正反向分析

隧道围岩稳定性的正向分析是通过勘察获取围岩的强度或确定了围岩分级，以强度指标或围岩分级指标来评估围岩的稳定性。

隧道围岩稳定性的反向分析是在一定限定条件下测量某种围岩隧道裸洞能够保持稳定的累计时间，反推围岩的强度或确定围岩分级。

围岩分级、围岩强度反映了围岩稳定性的内涵，在理论上，围岩分级、围岩强度、围岩稳定性三者之间具有密切对应关系。经过长期实践，认识到围岩稳定性与围岩分级相互对应的关系；同时也积累了围岩稳定性与围岩强度相关联的一些经验，依据这些经验开展正向分析与反向分析，两者的最终结论应该具有吻合性。

2.1.1 围岩自稳性分类

围岩自稳性分类基于统计经验，并与围岩分级挂钩，以特定的开挖跨度的稳定时间作为分级指标，围岩自稳性分类见表 1.3。

2.1.2 围岩的质量法分级

围岩由岩石和土体组成。以相同尺寸的钻具钻取围岩芯样，以芯样的质量大小来对围岩进行分级，这种分级方法称为围岩质量分级法，该方法获得了普遍认同。我国公路隧道设计规范依据质量分级法将围岩分为六级，具体见表 2.1，铁路、水利、水电系统也有类似的分级。有些地区（或有些系统）依据自己的经验，将 IV、V、VI 级围岩又细分为若干个亚级（廖朝华 等，2012）。围岩质量法分级与自稳性分类的对应关系见表 1.5。

表 2.1　公路隧道分级

阶段	岩石										土体			
工可、初步设计	I	II	III			IV			V		IV	V		VI
施工图、施工	I	II	III-1	III-2	III-3	IV-1	IV-2	IV-3	V-1	V-2	IV-3	V-1	V-2	VI

2.1.3　岩石的强度法分级

对于岩石，最初以其强度的高低排序来分级。后来，提出了质量分级法，但也没有抛弃以强度大小来划分岩石级别的做法，并且还总结了质量法分级与强度法分级的对应关系的经验。

作用力垂直作用于岩石试件轴心的横截面，使岩石沿轴心受压而出现裂纹或过大变形，显示出被破坏状态，该状态称为极限状态，相应作用力的量值称为作用力极限值。作用力极限值与岩石试件横截面面积之比值就称为岩石轴心抗压强度。

一般而言，硬质的、相对完整的岩石均能够通过钻芯取样制成标准试件进行测试而得到岩石轴心抗压强度。极其破碎软弱的岩石难以取芯制成试件，可以通过其他方法，例如点荷载试验方法，获取有关数据后换算取得岩石轴心抗压强度。

岩石质量法分级、强度法分级、岩石自稳性分类具有较好的对应关系，见表 2.2。

表 2.2　岩石质量分级级别、强度法分级级别、自稳性分类的对应情况表

轴心抗压强度 R/MPa	$R>60$	$30<R\leqslant 60$	$15<R\leqslant 30$	$5<R\leqslant 15$	$R\leqslant 5$
坚硬程度	坚硬	较坚硬	较软岩	软岩	极软岩
自稳性评价	稳定	基本稳定	短时稳定	短时稳定	瞬时稳定
围岩分级	I	II	III	IV	V

2.1.4　土体的密实度法分级

土体以密实度分级，并且不同的密实程度与其自稳性具有较好的对应关系，见表 2.3。依据有关经验，以土体的其他力学指标，可以转换换算得到土体的轴心抗压强度，具体转换办法见 5.1 节。

表 2.3　土体密实度法分级、强度法分级与自稳性分类的关系

密实程度	密实	中等密实	松散
自稳性评价	短时稳定	瞬时稳定	瞬时稳定
换算的轴心抗压强度 R/MPa	$5<R\leqslant 15$	$1<R\leqslant 5$	$0.04\leqslant R\leqslant 1$

2.1.5　围岩质量法分级、强度法分级、自稳性分类的对应关系

依据上面阐述，将岩石与土体的数据合并，得到了隧道围岩质量法分级、强度法分级、自稳

性分类的对应关系经验，见表 2.4。

表 2.4 围岩质量法分级级别、强度法分级级别与自稳性分类的关系

岩石	轴心抗压强度 R/MPa	$R>60$	$30<R\leqslant60$	$15<R\leqslant30$	$5<R\leqslant15$	$R\leqslant5$	—
	坚硬程度	坚硬	较坚硬	较软岩	软岩	极软岩	—
	自稳评价	稳定	基本稳定	短时稳定	短时稳定	瞬时稳定	—
	岩石围岩分级	I	II	III	IV	V	—
土体	土体围岩分级	—	—	—	IV	V	VI
	密实程度	—	—	—	密实	中等密实	松散
	自稳性评价	—	—	—	短时稳定	瞬时稳定	瞬时稳定
	换算的轴心抗压强度 R/MPa	—	—	—	$5<R\leqslant15$	$1\leqslant R\leqslant5$	$0.04\leqslant R<1$

表 2.4 表明，围岩轴心抗压强度法分级、质量法分级和自稳性分类具有较吻合的对应关系，掌握了该对应关系后，为隧道设计与施工过程的正向分析与反向分析打下了基础。通过勘察获取了质量或强度数据，可以正向推断围岩的稳定性；而通过观察或观测得到围岩自稳性的数据后，可以反向推断围岩质量分级或强度分级，对比正向分析、反向分析的结论，判断两者的符合性后，做出调整设计或施工的决策。

2.2 地下水赋存状态的正反向分析

地下水赋存状态的正向分析，是通过勘察获取水压、水量、水速等指标数据，以有关指标数值的大小来反映地下水的赋存状态。

地下水赋存状态的反向分析，是通过观测水体脱离或趋向脱离围岩约束的运动状态获取相关数据，以相关数据来推断水压、水量、水速等指标的大致数值范围，从而反推地下水的赋存状态。

2.2.1 常见水压

围岩储水状态的不同，水体依存于围岩中的形态不同，水压呈现出的数值反映了宏观和微观两个层面。当含水量降低到地下水无法存在时，结合水发挥作用，水压为负压，但负压的数值较小；当含水量充裕时，自由水充当主体作用，水压为正压。本节讨论的水压，是指宏观状态下地下水的水压，不涉及微观状态下结合水的水压。

水压数值与所处环境息息相关，地壳各处的环境千差万别，所以地质块水-岩环境呈现出多样化的特点。

建设过程中的隧道水压有高有低，例如，锦屏电站输水隧道的水压高达 10 MPa，极为罕见；而围岩为淤泥、软土的隧道，水压低至 0.015 MPa；干燥的围岩环境，隧道地下水的水压接近为零。

公路与铁路工程，由于非隧道路段的路基顶面高程要求位于百年洪水频率水位之上，以及在经济上要求不宜高填深挖、桥隧不宜过长等原因，隧道线位受到一定限制，线位一般处于“不高不低”的线位上。根据《公路隧道设计规范》(JTG D70—2004)编制人员的统计，全国已通车的隧道中最大埋深大于 500 m 的隧道，只占 24%，76%的隧道最大埋深小于 500 m(重庆交通科研设计院，2004)。

2015 年，中国公路运营隧道共 14 006 座，总长约 12 684 km，平均 905 m/座；铁路运营隧道共 13 411 座，总长约 13 038 km，平均 972 m/座；自然山坡，陡坡与中坡的分界坡度为 25%，若按平均 25%坡度来推算，则公路隧道平均埋深为 113 m，铁路隧道平均埋深为 122 m。

城市隧道埋深需要考虑的因素更多，受限制更大，地形、地面建筑的桩基、是否属于有利的地质构造、运营效果等都是重点考虑因素。世界城市地铁埋深，普遍在 200 m 以内，显然，该埋深的地下水水压普遍在常见范畴。其他隧道，如输水隧道，埋深主要由始点和终点的高程差决定，相比铁路、公路、城市隧道，埋深具有较大不确定性。

多数公路、铁路山岭区隧道的线位处于“不高不低”的范围，普遍坐落于山岭岩石中风化的区间，往上是强风化、全风化成泥的覆盖层，往下是弱风化基岩，隧道线位正是常见的储水区域。多数隧道最大埋深小于 500 m，平均最大埋深不足 200 m，常见水压力低于 3 MPa，其中，水压在 0～2 MPa 的隧道约占 70%，水压在 2～3 MPa 的隧道约占 25%，水压大于 3 MPa 的隧道仅占不到 5%。在地应力异常的地带，或特殊构造之处，有时埋深不大，也会出现异常高水压。

少数隧道最大埋深大于 500 m，甚至 1 000 m 以上，大埋深的隧道的地下水水压也有高有低，与具体埋深没有必然的联系。当然，总体上，大埋深的隧道地下水的水压比较高，属于正常的现象。例如，锦屏电站部分隧道埋深超过 2 000 m，甚至局部地段埋深超过 3 000 m，文献显示，水压在 1.5～10 MPa(陈益 等，2011)。

综上，0.015～0.5 MPa 的水压是隧道常见水压；0.5～1.0 MPa 的水压是隧道较常见中等水压；1.0～1.5 MPa 的水压是隧道少见高水压；1.5～5 MPa 水压是隧道极少见高水压；大于 5 MPa 的水压是罕见高水压。

需要在此说明的是，上述介绍的高水压隧道，只是所有隧道总数量中的少数；单个隧道中，也只有少许段落存在明显高水压的情况；若整座隧道大多数路段都是高水压隧道地段，则属于罕见的特殊隧道。

2.2.2　常见水压分级与对应的涌水形态分类

隧道内的地下水或从孔隙中渗透而出，或从裂隙中渗出、流出、射出，或从钻孔孔洞里流出、跃出、喷出。总之，水体脱离围岩的约束后，水体的运动形态与其未脱离约束时的压力密切相关，常使用潮、渗、滴、涌来描述其运动形态，并按水压或水量对应进行界定，见表 2.5～表 2.17。

这些权威性分级，在水量和低水压方面，划分得比较细致，但是在高水压的分级上，0.5 MPa以上就视为高水压，更高的水压不再细分了，原因未知，本书作者向许多专家咨询，未得到较统一的回答。这或许与各时代建造隧道碰到的情况有关。例如，西部的省区，以前资源匮乏，设置隧道一般选取高线位，尽可能地缩短隧道，隧道埋深相对较小，遇到的水压也不高；时代发展了，资源相对丰富，隧道线位可往下设定，以便与两端的道路相顺接，这样，隧道埋深大，水压也相应高了。

1. 公路或铁路系统的分级情况

（1）《公路隧道设计规范》（JTG D70—2004）的水压分级见表 2.5（重庆交通科研设计院，2004）。

表 2.5　地下水水压和水量分级

地下水出水状态	水压/MPa	水量/[L/(min·m)]
潮湿或点滴状出水	0	—
线状出水	<0.1	<0.6
淋雨状或涌流状出水	≥0.1	≥0.6

注：表中水量指隧道内钻孔每延米平均单位小时出水量，钻孔孔洞直径为 71～91 mm。

（2）《公路隧道施工技术细则》（JTG/T F60—2009）的涌水涌泥程度分级见表 2.6，岩溶隧道炮眼喷水水量与喷距的分级见表 2.7（中交第一公路工程局有限公司，2009b）。

表 2.6　涌水涌泥程度分级

涌水突泥程度	水量 $Q/(m^3/h)$	形态	涌水突泥程度	水量 $Q/(m^3/h)$	形态
特大	$Q>4\,166$	高水压，突泥涌水	小型	$4<Q\leqslant41$	涌泥
大型	$416<Q\leqslant4\,166$	高水压，突泥涌水	轻微	$Q\leqslant4$	突涌可能性极小
中小型	$41<Q\leqslant416$	突泥			

注：表中水量指隧道巷道内的单位小时涌水量。

表 2.7　岩溶隧道炮眼喷水与喷距分级

喷距 L/m	隧洞内流量 $Q/(m^3/h)$	程度	喷距 L/m	隧洞内流量 $Q/(m^3/h)$	程度
$L<5$	$Q<100$	裂隙渗水，中小股涌水	$9\leqslant L<12$（暂停工）	$300\leqslant Q\leqslant400$	中型突水
$5\leqslant L<9$	$100\leqslant Q<300$	小型突水	$L>12$（停工）	$Q>400$	大型突水

（3）关宝树在《矿山法隧道关键技术》中提出渗水量与水压分级（关宝树，2016），见表 2.8。

表 2.8　地下渗水量与水压分级

渗水状态	渗水量 $q/(m^3/h\cdot m)$	水压 P/MPa	渗水状态	渗水量 $q/(m^3/h\cdot m)$	水压 P/MPa
涌水	$q>0.75$	$P>0.5$	潮湿	$q<0.06$	$0<P<0.1$
线状水	$0.15<q\leqslant0.75$	$0.2<P\leqslant0.5$	干燥	0	0
滴水	$0.06\leqslant q\leqslant0.15$	$0.1\leqslant P<0.2$			

（4）挪威的 Barton 对岩石节理出水的水压分级见表 2.9（关宝树，2016）。

表 2.9　岩石节理出水的水压分级

分级	水压 P/MPa	状态	分级	水压 P/MPa	状态
A	$P<0.1$	干燥状态，开挖后局部有少量涌水，水量小于 5 L/min	C-2	$0.25\leqslant P\leqslant 1.0$	大量涌水，或承压水，填充物流出量较大
B	$0.1\leqslant P<0.25$	中等程度涌水，或中等程度的水压，有时出现节理充填物流出	D-1	$P>1.0$	爆破时，会意外出现大量涌水，或承压水，它们随时间衰减
C-1	$0.25\leqslant P\leqslant 1.0$	没有充填物的节理，承载力充分的岩体出现大量涌水，或承压水	D-2	$P>1.0$	意外出现大量涌水，或承压水，它们不随时间衰减

注：表中水量指隧道裸洞某处的单位小时出水量。

(5) 李术才、张庆松教授在《隧道及地下工程突涌水机理与治理》中提出突水灾害水量分级(李术才，2014)，见表 1.2。

(6) 王梦恕等(2010)在《中国隧道及地下工程修建技术》中提出对溶岩隧道的涌水量分级与相应的管理分级，见表 2.10。

表 2.10　岩溶隧道涌水量分级

管理区段	管理等级	涌水量 Q 标准/(m^3/h)	施工措施
一般	三级	$Q\leqslant 100$	正常施工
重点	二级	$100<Q\leqslant 800$	增加物探、加强监测
危险	一级	$Q>800$	加固与防涌措施

(7) 中国工程院在《岩爆、突水突泥灾害预测预报预警与防治控制技术》中，关于超前探孔的水压与水量分级(中国工程院，2013)，见表 2.11。

表 2.11　超前探孔水压与水量分级

注浆方案	水压力 P/MPa	探孔水量 Q/(m^3/h)	注浆方案	水压力 P/MPa	探孔水量 Q/(m^3/h)
超前预注浆	$P\geqslant 1.0$	$Q\geqslant 20$	径向注浆	$0.2\leqslant P<0.5$	$2\leqslant Q<10$
超前预注浆	$0.5\leqslant P<1.0$	$10\leqslant Q<20$	局部补注浆	$P<0.2$	$Q<2$

(8) 林作雷在《厦门翔安海底隧道施工关键技术》中的水压分级(林作雷，2011)，见表 2.12。

表 2.12　厦门翔安隧道注浆工艺水量与水压分级

注浆方案	适用条件				
	上半断面稳定情况	下半断面稳定情况	探孔最大出水量/(m^3/h)	水压力/MPa	水中泥沙含量/(kg/m^3)
全断面注浆	无法自稳	无法自稳	$\geqslant 20$	$\geqslant 0.3$	$\geqslant 100$
上半断面注浆	无法自稳	可以自稳	$\geqslant 10$	$\geqslant 0.2$	$\geqslant 10$
上半断面周边帷幕注浆	无法自稳	可以自稳	$\geqslant 5$	$\geqslant 0.1$	$\geqslant 1$
小导管和大管棚注浆	可以自稳	可以自稳	>1	>0.05	$\geqslant 0.1$

2. 煤矿系统的分级

国家安全生产监督管理总局2009年颁布的《煤矿防治水规定》对突水点水量和围岩富水性进行了规范分级(国家安全生产监督管理总局,2009),见表2.13、表2.14。

(1) 突水点水量分级。

表2.13 突水点水量分级

级别	小突水	中等突水	大突水	特大突水
水量$(Q)/(m^3/h)$	$Q\leqslant60$	$60<Q\leqslant600$	$600<Q\leqslant1\,800$	$Q>1\,800$

注:表中水量指矿井内突水点的单位小时出水量。

(2) 围岩富水性分级。

表2.14 围岩富水性分级

级别	弱	中等	强	极强
涌水量$q/(m^3/h\cdot m)$	$q\leqslant0.36$	$0.36<q\leqslant3.6$	$3.6<q\leqslant18.0$	$q>18.0$

注:往围岩钻孔,孔径为91 mm,孔深至少10 m,水从孔口涌出。

3. 其他系统的水量与水压分级

(1) 高谦等在《地下工程系统分析与设计》中提出的地下水节理渗水量与水压分级,见表2.15(高谦 等,2011)。

表2.15 地下水节理渗水量及水压分级

程度	渗水量$q/(m^3/h\cdot10\ m)$	水压P/MPa	程度	渗水量$q/(m^3/h\cdot10\ m)$	水压P/MPa
涌水	$q\geqslant0.125$	$P\geqslant0.5$	潮	$q\leqslant0.010$	$P\leqslant0.1$
滴水	$0.025<q<0.125$	$0.2<P<0.5$	干燥	0	0
湿润	$0.010<q\leqslant0.025$	$0.1<P\leqslant0.2$			

注:表中水量指隧道内钻孔的每10延米平均单位小时出水量,钻孔孔洞直径为71~91 mm。

(2)《工程岩体分级标准》(GB 50218—2014)与《水利水电工程地质勘察规范》(GB 50287—2006)对隧道出水水量及水压的分级见表2.16(关宝树,2016)。

表2.16 水利与水电行业水压分级

级别	状态	渗水量$q/(m^3/h\cdot10\ m)$	裂隙水压P/ MPa
I	湿润或点滴状出水	$q\leqslant1.5$	$0.1\leqslant P$
II	淋雨或线流状出水	$1.5<q\leqslant7.5$	$0.1<P\leqslant0.5$
III	涌流状出水	$q>7.5$	$P>0.5$

从以上分级情况看,具有如下特点。

(1) 上述大量罗列了学者们总结的水量与灾害程度关联的经验,佐证了第1章中提到的突涌灾害隐患与突涌灾害的宏观形态存在密切关系的观点。水压或水量的大小,确实与突涌灾害存在某种关联。

(2) 在定性上,以水量大小来区分涌水或突水灾害的程度,行业之间及行业内的共识是基本一致的;但在“水量量级”方面,行业之间存在较大差异,即使在行业内也是有所不同。该情况说明用水量指标来衡量突涌灾害程度,还不够科学和准确。

(3) 在水压分级上,在 0~1.0 MPa 的分级的文献较多,意见比较一致,尤其是 0~0.5 MPa的分级,意见比较统一,但是大于 1.0 MPa 的分级,相应的文献较少。

3. 常见水压下水体脱离围岩时的运动形态

综合上述文献,将 0~1.0 MPa 的水压及对应的地下水运动形态分级见表 2.17。

表 2.17 常见水压分级与地下水的运动形态

形态	水压/MPa	形态	水压/MPa
潮	0~0.01	涌	0.2~0.5
渗	0.01~0.1	大涌	0.5~1.0
滴	0.1~0.2		

2.2.3 高水压及其对应形态再分级

由于地球构造、水文、地质的复杂性,水压大于 1.0 MPa 的隧道还是有较多的,文献对 1.0~1.5 MPa、1.5~3.0 MPa 及 3.0~10 MPa 水压的隧道都有介绍。但遗憾的是,对大于 1.0 MPa水压的分级较少,且未达成较统一的共识。

为避免不必要的争论,且从“遇见”频率的角度进行分级,见表 2.18,1.0~1.5 MPa 的隧道水压是较少见高水压,1.5~3.0 MPa 的隧道水压属于少见高水压,大于 3.0 MPa 的隧道水压是极少见高水压,大于 5 MPa 的隧道水压是罕见高水压。

表 2.18 隧道地下水高水压情况

遇见频率	水压 P/MPa	遇见频率	水压 P/MPa
较少见,高水压	$1.0 \leqslant P < 1.5$	极少见,高水压	$3.0 \leqslant P < 5.0$
少见,高水压	$1.5 \leqslant P < 3.0$	罕见,高水压	$P \geqslant 5.0$

从上述文献数据可知,水压大于 0.5 MPa 就出现涌水,因此涌水分级宜从 0.5 MPa 开始。依据本书作者的经历及掌握的参考文献,在隧道中使用钻机以直径 91 mm 的钻头钻进围岩,遇到高压水时,水体从钻孔中涌出,在空中的运行轨迹大致有“涌、跃、射、喷、击、爆”等若干种运动形态。具体见表 2.19。

表 2.19 高水压的涌水形态

形态	溅距/m	水压/MPa	形态	溅距/m	水压/MPa
涌	3~6	0.5~0.65	喷	14~16	1.0~1.5
跃	7~8	0.65~0.85	击	17~24	1.5~3.0
射	9~13	0.85~1.0	爆	>25	>3.0

2.2.4 水压总分级与涌水形态分类汇总

将低水压情况和高水压情况汇总在一起，得到表 2.20 的水压与地下水的运动形态一览表。

表 2.20 水压与地下水的运动形态一览表

出现频度	水压值 P/MPa	形态	出现频度	水压值 P/MPa	形态
常见	$0 \leqslant P < 0.01$	潮	较常见	$0.85 \leqslant P < 1.0$	射，溅距：9～13 m
常见	$0.01 \leqslant P < 0.1$	渗	较少见	$1.0 \leqslant P < 1.5$	喷，溅距：14～16 m
常见	$0.1 \leqslant P < 0.2$	滴	少见	$1.5 \leqslant P < 3.0$	击，溅距：17～24 m
较常见	$0.5 \leqslant P < 0.65$	涌，溅距：3～6 m	罕见	$3.0 \leqslant P < 5.0$	爆，溅距：25～35 m
较常见	$0.65 \leqslant P < 0.85$	跃，溅距：7～8 m		$P \geqslant 5.0$	爆，溅距：≥35 m

从表 2.20 看，地下水水压与钻孔的地下水运动形态具有较强的对应关系。依据该对应关系，在设计阶段，通过勘察获取了隧道地下水的水压，可以正向推断施工阶段钻孔地下水的运动形态，并推断涌水灾害的程度；在施工阶段，观测到钻孔或裂隙的地下水运动形态，反向推断前方隧道环境的水压，并推测出出现涌水灾害的可能性；根据正向分析与反向分析的结论进行比较，找出差别，并做出开展下道工序的决策。

2.3 围岩稳定性与地下水赋存状态的合并分析

地质块水-岩环境中，围岩与地下水共存于一体，相互影响，彼此关联，因此，可将围岩稳定性与地下水赋存状态的正向分析和反向分析予以合并，以观察合并分析后得到的综合信息及其作用。

2.3.1 正向分析的合并

围岩稳定性的正向分析，使用指标是围岩强度 $R_{围}$；地下水赋存状态的正向分析，使用指标是地下水压力 $P_{水}$。从与稳定性关联的角度看，围岩强度 $R_{围}$ 是维持稳定性的正向因素，而水压 $P_{水}$ 是破坏稳定性的负向因素，两者的关系是反向而行的，因此，合并分析后，可用两者的对比 $P_{水}/R_{围}$ 来表达这种关系。

第 1 章介绍过，在长期抗突涌实践中已经发现地质块的含水量、颗粒级配、颗粒含量指标与突涌灾害的易发性关联。从灾害易发性的角度出发，地质块的含水量、颗粒级配、颗粒含量指标与水压力 $P_{水}$ 的关系是正向关系，与围岩强度 $R_{围}$ 的关系是负向关系。假设地质块的含水量、颗粒级配、颗粒含量指标可用一个无量纲参数表示 ε，则正向分析合并后，可得

$$J=\varepsilon\times(P_{水}/R_{围}) \tag{2-1}$$

式中：J 为突涌源形态系数，属于无纲量指标；ε 为围岩颗粒级配修正系数或调整系数，属于无纲量指标，对于砂质土体暂取值为 1.0～1.05，对于非砂质土体、岩石等围岩，暂定取值为 1.0；$P_{水}$ 为隧道围岩地下水水压力（MPa）；$R_{围}$ 为隧道围岩轴心抗压强度（MPa）。

2.3.2　土体的 ε 取值

ε 的取值涉及土体颗粒级配组成。第 1 章中已介绍了水利水电系统、铁路系统及公路系统关于土体颗粒组成与突涌灾害易发性相关联的经验数据，说明了土体颗粒组成是突涌灾害的关键因素之一，因此本书将该经验引入突涌源形态系数的计算中。

（1）不均匀系数 $U_C<5$

砂土组成颗粒中，当 0～0.1 mm 细粒所占比例小于 10%时，围岩自稳困难，ε 取值宜取大值，即按 1.05 取值；当 0～0.1 mm 细粒所占比例大于 10%时，围岩自稳逐渐变好，ε 取值宜取小值，即按 1.0 取值；亦可根据 0～0.1 mm 细粒所占比例的大小内插值取值。

（2）不均匀系数 $U_C>5$

参考水利水电系统关于管涌或流土的经验数据，当土体的细颗粒含量 $f\geqslant35\%$时，ε 按 1.05取值；当土体的细颗粒含量 $f<25\%$时，ε 即按 1.03 取值；当土体的细颗粒含量 f 的范围为 $25\%\leqslant f<35\%$时，ε 宜按 1.0 取值。

2.3.3　突涌源形态系数 J 的力学解释

突涌源形态系数 J 的主体是 $P_{水}/R_{围}$的关系，如图 2.1(a)所示，水压力犹如水柱 $P_{水}$ 作用于围岩，就像地基承受外力作用，形成了等效于地基受力和变形的关系，如图 2.1(b)所示。

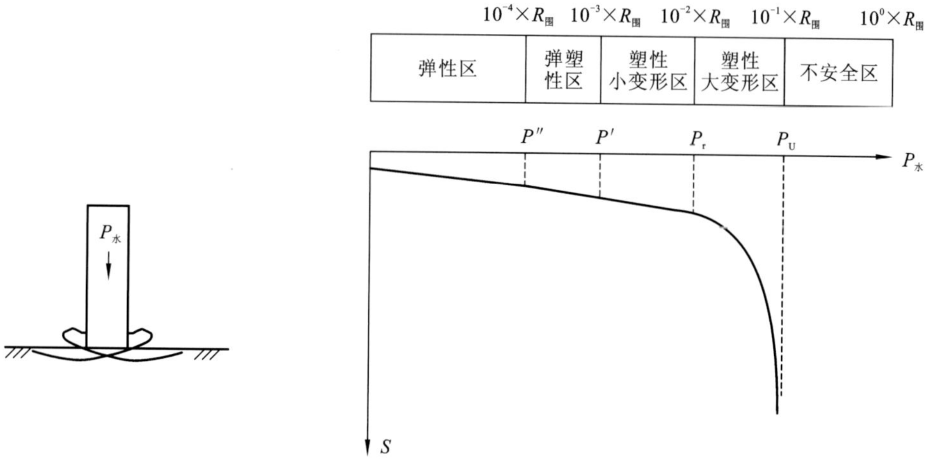

(a) 外力作用于地基示意图　　(b) 地基变形量与外力的关系图

图 2.1　外力与地基承载能力关系图

(1) 地基极限荷载为 P_U。一般地,$P_U=1\times10^{-1}\times R_{围}$。即当水压力大于 $1\times10^{-1}\times R_{围}$ 时,围岩就处于塑性过大变形,进入了不安全状态。

地基承载力与围岩轴心抗压强度的关系为

$$P_U=\Psi\times R_{围}$$

式中:Ψ 为地基承载力安全系数,依据经验,完整岩石 Ψ 可取到 0.2;破碎岩石或土体,Ψ 一般取 0.1,两者取值在量级上均为 10^{-1},本书基于安全与方便研究突涌的角度,统一认定 Ψ 取值为 1×10^{-1}。

(2) 比例界限荷载为 P_r。一般地,$P_U=(2\sim10)$倍 P_r(国振喜 等,2008)。鉴于围岩由岩石和土体组成的混合体,为兼顾土基、岩基、岩土基,并参考渗透系数分级时以 10 的幂次方为量化分级级数的做法,在此取 $P_U=10\times P_r$,即 $P_r=10^{-1}\times P_U=1\times10^{-2}\times R_{围}$。考虑岩土力学目前还不能做到精确的情况,$(2\sim10)$倍 P_r,选择多少倍为合适,从不精确的角度看,差距都是不大的,现在选 10 倍,主要是依据人们习惯以 10 为级数来进行量化分级的传统。

(3) 作用力处于 $0\sim P_r$ 区间时,基于土基、岩基、岩土基的变形还不完全是纯粹的弹性变形范畴,应继续对作用力进行分区。令 $P'=1\times10^{-3}\times R_{围}$ 和 $P''=1\times10^{-4}\times R_{围}$,则 $0\sim P''$ 区间视为纯弹性变形范畴,$P'\sim P''$ 区间视为弹塑性变形范畴。

(4) 在没有其他外在诱发因素作用的自然状态下,地质块处于稳定状态,水体被围住在地质块中。设 P' 节点为地质块残余变形开始之节点;$P'\sim P_r$ 节段,为地质块塑性小变形阶段;$P_r\sim P_U$ 节段,为地质块塑性大变形阶段;P_U 节点,为地质块不安全起始节点;水压力大于 P_U 之区域,为地质块完全不安全区状态。

2.3.4 正向分析与反向分析的合并

为准确地获取 $P_{水}/R_{围}$ 的关系,以 $R_{围}$ 为横轴、$P_{水}$ 为纵轴建立一个平面坐标系,将 $P_{水}/R_{围}$ 的比值填入坐标系中,见表 2.21。

在横轴中,将与 $R_{围}$ 相关的反向分析的围岩自稳性信息对应标入坐标系外横轴方向的方格中;将与 $P_{水}$ 相关的反向分析的地下水的运动形态信息对应标入坐标系外纵轴方向的方格内,见表 2.21。实质是形成了正向分析与反向分析的合并,从而建立了突涌形态系数 J、地下水的运动形态、围岩自稳性信息三者对应的关系。

正反向分析合并后,建立了突涌形态系数 J、地下水的运动形态、围岩自稳性信息三者对应的关系,综合信息丰富,效应凸显,相应意义如下。

(1) 深蓝色的 J 值在 $0.6\times10^0\sim1.0\times10^0$ 区间,地质块变形处于塑性过大变形范畴,对应坐标系区域内的 J 值均大于 10^{-1},体现出失稳状态;横轴上的地质块稳定性为"短时稳定~瞬时稳定"形态;纵轴上的水压,体现出高水压,溅距居于"跃~爆"的形态。正反向分析合并后得到的综合信息是:地质块总体处于不稳定状态,将暴发突泥涌水迸发灾害,确定为第 VI 类形态。

(2) 浅蓝色的 J 值在 $1.0\times10^{-1}\sim0.6\times10^0$ 区间,地质块变形属于塑性过大变形范畴,对应坐标系区域内的 J 值大于等于 10^{-1},体现出失稳状态;横轴上对应的围岩自稳性为"基本稳定或短时稳定或瞬时稳定"的形态;纵轴的水压,包含了低、中、高范围的水压,溅距覆盖所有形

表 2.21　正向分析与反向分析的合并效应表

水压 $P_水$/MPa \ 围岩强度 $R_围$/MPa		瞬时稳定	瞬时稳定	短时稳定	短时稳定	基本稳定	稳定	稳定	稳定	稳定
		0.04	1	5	15	30	60	80	100	120
潮	0.01	2.5/10	1/100	2/1000	6/10000	3/10000	2/10000	1.25/10000	1/10000	8/100000
渗	0.1	×	1/10	2/100	6/1000	3/1000	2/1000	1.25/1000	1/1000	8/10000
滴	0.2	×	2/10	4/100	1.3/100	6.6/1000	3.3/1000	2.5/1000	2/1000	1.6/1000
涌	0.5	×	5/10	1/10	3/100	1.6/100	8/1000	6.25/1000	5/1000	4.2/1000
跃	0.65	×	6.5/10	1.3/10	4/100	2.2/100	1.1/100	8.125/1000	6.5/1000	5.4/1000
射	0.85	×	8.5/10	1.7/10	6/100	2.8/100	1.4/100	1.06/100	8.5/1000	7.08/1000
喷	1.0	×	10/10	2/10	7/100	3.3/100	1.6/100	1.25/100	1/100	8.3/1000
击	1.5	×	×	3/10	1/10	5/100	2.5/100	1.875/100	1.5/100	1.25/100
爆	3.0	×	×	6/10	2/10	1/10	5/100	3.75/100	3/100	2.5/100
（罕见）	6.0 以上	×	×	×	4/10	2/10	1/10	7.5/100	6/100	5/100

注：表中符号“×”表示地质块内不会出现水压大于围岩强度的情况。

态。J 值、围岩自稳性、地下水的运动形态三种信息中，多数区域三种信息全部体现出地质块处于失稳状态，少数区域至少有两种信息体现出地质块处于失稳状态。正反向分析合并后得到的综合信息是：地质块总体处于不稳定状态，将发生涌水突泥灾害，定为第 V 类形态。

(3) 绿色的 J 值在 $1.0\times10^{-1}\sim1.0\times10^{-2}$ 区间，地质块变形属于塑性小变形范畴，对应坐标区域的数据均体现出临界失稳状态；横轴上围岩自稳性与对应于纵轴上的水压溅距成反向关系。J 值、围岩自稳性、地下水的运动形态三种信息中，至少有一种信息体现出地质块处于失稳状态，另一种信息体现出地质块处于临界稳定。正反向分析合并后得到的综合信息是：地质块总体表现为不稳定状态，将暴发突涌灾害，形态或为突泥灾害，或为涌水灾害，或突泥涌水灾害，定为第 IV 类形态。

(4) 紫色的 J 值在 $1.0\times10^{-2}\sim1.0\times10^{-3}$ 区间，地质块变形处于弹塑性变形范畴，对应坐标区域的数据均体现出稳定状态；横轴上自稳性差的围岩对应于纵轴上较小的水压，横轴上自稳性好的围岩对应于纵轴上较大的水压。J 值、围岩自稳性、地下水的运动形态三种信息中，至少有两种信息体现出地质块处于稳定状态。正反向分析合并后得到的综合信息是：地质块总体处于临界稳定状态，定为第 III 类形态，突涌灾害处于临界状态。

(5) 红色的 J 值在 $1.0\times10^{-3}\sim1.0\times10^{-4}$ 区间，地质块变形处于弹塑性变形范畴，对应区域的数据均体现出稳定；横轴上的围岩自稳性好；纵轴上的水压低。J 值、围岩自稳性、地下水的运动形态三种信息均体现出地质块处于稳定状态。正反向分析合并后得到的综合信息是：地质块总体处于稳定状态，定为第 II 类形态，不会出现突涌灾害。

(6) 橙色 J 值在 $1.0\times10^{-4}\sim0$ 区间，地质块变形处于弹性变形范畴，对应区域的数据均体现出稳定；横轴上的围岩自稳性好，纵轴上的水压低。J 值、围岩自稳性、地下水的运动形态三种信息均体现出地质块处于稳定状态。正反向分析合并后得到的综合信息是：地质块总体处于稳定状态，定为第 I 类形态，不会出现突涌灾害。

综合上述，地质块水-岩环境中，共存在 6 类突涌源形态类型，见表 2.22。其中，IV、V、VI 突涌源形态为突涌灾害形态；I、II 突涌源形态为非突涌灾害形态。III 突涌源形态居于该两者之间，为突涌过渡形态。

表 2.22　突涌源形态类型与形态系数 J 数值区间

J 值区间	$0\leqslant J<1\times10^{-4}$	$1\times10^{-4}\leqslant J<1\times10^{-3}$	$1\times10^{-3}\leqslant J<1\times10^{-2}$	$1\times10^{-2}\leqslant J<1\times10^{-1}$	$1\times10^{-1}\leqslant J<6\times10^{-1}$	$(6/10)\leqslant J\leqslant(10/10)$
突涌源形态	I	II	III	IV	V	VI
J 代表色						

2.3.5　对突涌灾害的再认识

1. 关于单一指标判断突涌灾害的准确性问题

仅以水压或围岩分级或围岩强度单一指标来判断突涌灾害的形态和级别是不准确的。要综合三个指标来判断才可能准确。例如，通常认为围岩强度较高时不会发生突涌灾害，但若同时水压也较高，则会发生突涌灾害。这在超大埋深、超高水压隧道实践中得到了印证。

也就是说，判断地质块的稳定性，既要看正向分析与反向分析的合并效应表中的横轴上围岩自稳性和纵轴上的水体运动状态，也要看坐标系内的 J 值。应将三者综合起来看，不能单看其中一方面，单看其中一方面是单因素判断，三方面都看才是多因素综合。

2. 对低水压区的突涌灾害认识不足

人们凭直觉认为最高等级的灾害会发生在少见的或罕见的高水压隧道上，但表 2.21 表明，绝大多数最大灾害在水压为 0.01～1.0 MPa 范围和围岩强度在 0.04～5 MPa 范围的隧道中发生。

这较好地解释了为什么埋深不大的隧道，尤其是低水压隧道经常碰到较大突涌灾害的原因。虽然水压低，但围岩强度也低，水压与围岩强度的比值较大，岩性属于突涌灾害易发性类型，参数 ξ 取值大，计算得到的 J 值较大，综合起来就容易发生较大的突涌灾害。

3. 水压分级与灾害形态分类的对应性

一直以来，人们认为潮、渗、滴、涌的水压分级是比较准确的，原以为只有"涌"以上的水压下才会出现突涌问题；但根据表 2.21，潮、渗、滴对应的低水压，如果地质块围岩强度低、自稳性差，也会发生较大的突涌灾害，灾害类别也较高。在这种情况下，将潮、渗、滴所对应的水压列入低水压范畴仅是相对水压力数值而言的，不能因此推断低水压隧道就不会发生较大突涌灾害，或者说，以水量或水压等单因素指标来估算突涌灾害程度，忽略了水压与围岩强度的相对比值，可靠性就会下降。

4. 强度较高的围岩隧道暴发突涌灾害问题

人们一直以为隧道围岩分级级别较高、强度较高、围岩稳定性好，可能涌水但不会突泥，而表 2.21 表明，当水压也较高时，围岩分级级别较高、强度较高、自稳性较好的地下环境却不一定稳定。实践证明，以涌水为主体的灾害，常常还会出现突石、突砂的混合灾害。

2.3.6　正向分析与反向分析的合并效应表的作用

表 2.21 携带了正向分析与反向分析的信息，横轴所标示的围岩强度、围岩分级与自稳性信息使我们可以判断到了地质块的稳定状态；纵轴所标示的水压力、地下水的运动形态信息使我们可以辨别到了地下水的赋存状态；表 2.21 内的彩色数据则是突涌源形态系数，它表示了地质块在水压作用下真实的承载能力，包含有围岩稳定的信息。这些信息起到了如下主要作用：

(1) 为正向分析、反向分析提供参照系。

正向分析，依据式(2-1)计算得出 J 值后，将 J 值对号入座放置入表 2.21 的坐标系内，结合围岩自稳性、地下水的运动形态信息，可以综合推断隐患程度，预测突涌灾害的宏观形态。

反向分析，施工阶段，观测得到围岩自稳性、地下水的运动形态的相关数据或信息，将相关信息对号入座放置入表 2.21 的坐标系外的信息框格内，反向推测水压、围岩强度，预测突涌灾害发生的可能性。

（2）为推断突涌灾害形态提供针对性数据。$P_{水}$、$R_{围}$、J 数据所携带的信息，是隧道地质水文核心情报，正是为推断突涌灾害形态而提供的针对性数据。

（3）为灾害处治合格性提供判据。若水文地质条件比较均一，处治后，突涌源形态灾害类别未下降到非灾害类别，就可以判断不合格；相反，灾害类别下降到非灾害类别，可以判断为合格。

表 2.21 横轴的数据，是长期以来积累的有效经验；纵轴的数据，部分是长时间总结并被验证为较准确的数据，部分数据是本书作者根据隧道钻孔的实测量数据和文献纪录的统计数据；中间坐标区域的 J 值，参考了地基承载力的估算办法和经验，同时也是纵轴的数据与横轴的数据之比。

2.3.7 隧道突涌灾害形态分析法的概念

地质块水-岩环境的隐患隐伏于地质块中，未被引爆的突涌隐患，是突涌灾害之源，当隐患转化为切实的突涌灾害时，突涌灾害表现出来的真实形态是诱发因素与隐形因素组合得到的突涌灾害宏观形态。肉眼看到的突涌灾害宏观形态，是突涌隐患因人工作业诱发而暴发出来的表现形式，该形式与暴发前地质块的突涌隐患密切联系。剔除人工作业诱发因素，突涌灾害程度应与突涌隐患程度一致，也就是突涌灾害宏观形态与突涌源形态相同。

勘察获取 $P_{水}$、$R_{围}$、ε 指标，使用突涌源形态系数公式和表 2.21，得到了突涌源形态系数 J，J 不但能反映涌水灾害形态，也能反映突泥灾害、涌水突泥灾害形态；依据 J 值，并结合表 2.21 来判断可能发生的灾害形态类型及严重程度；同时，突涌灾害发生后，凭观察到的宏观形态与严重程度，利用表 2.21 可以反推突涌源形态系数大致范围，并大致推测溃口段的水压与围岩强度。为正向分析和反向分析奠定基础，为识别、分析突涌问题，打开了“门窗和通道”。

以隧道突涌灾害形态分析为落脚点，将正向分析和反向分析联系起来，达到了使用适用指标来识别涌水灾害、突泥灾害、涌水突泥灾害的目的，这种分析方法就叫隧道突涌灾害形态分析法。

2.4 孕灾地质构造环境简析

孕育地质灾害的构造简称为孕灾地质构造。地质块的突涌隐患源自孕灾地质构造，它决定了地质块的围岩强度，影响地下水的赋存条件，从而影响隧道地下环境，对隧道隐患或灾害的治理，其实质是对存留隐患源的地下环境进行干预，改变地质构造环境状态，地质块也随之出现变化。而环境干预是否有效，与是否针对孕灾构造的特征采取适合的措施、手段有关。因此，研究突涌隐患或灾害，必须研究孕灾地质构造及其环境。

2.4.1 突涌孕灾地质构造分类

1. 一般分类

许多学者对突涌地质类型进行过归类总结，其中，以山东大学李术才教授为首席科学家的国家重点基础研究发展计划(973 计划)项目“深长隧道突水突泥重大灾害致灾机理及预测预警与控制理论”课题组开展了相应的分类研究,影响较大,成果发布在李术才所著的《隧道突水突泥灾害源超前地质预报理论与方法》一书中,他们认为突涌灾害主要分布在断层、溶洞溶腔、暗河、裂隙四种地质类型中(李术才,2015),如图 2.2 所示,称为孕灾地质(李术才,2017)。

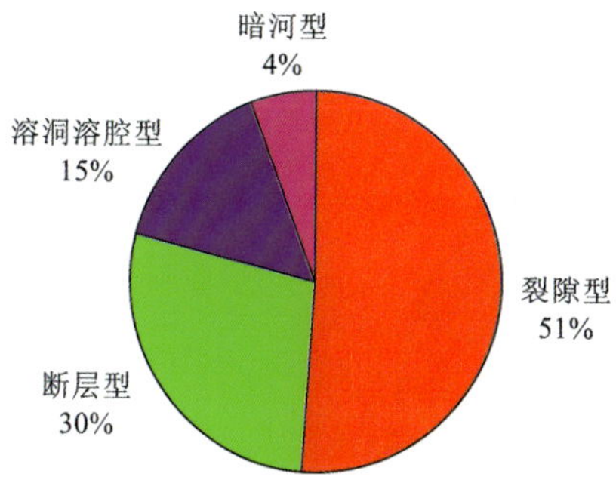

图 2.2　李术才给出的突涌孕灾地质分类(李术才,2015)

2. 矿业系统的分类

《矿区水文地质工程地质勘探规范》(GB 12719—1991)根据矿床主要充水含水层的容水空间特征,将充水矿床分为三类,见表 2.23。

表 2.23　基本矿床种类

基本种类	第一类	第二类	第三类		
基本矿床	以孔隙含水层充水为主的矿床	以裂隙含水充水为主的矿床	以岩溶含水充水的矿床		
亚类	—	—	溶蚀裂隙	溶洞溶腔	暗河

3. 本书的分类

地下水存于围岩孔隙、裂隙、腔洞之中。

孔隙是岩土固体(包括散体或块体)矿物颗粒间的空间。岩土中直径大于 1 mm 且重力水可于其中自由运动的孔隙是大孔隙;直径为 0.01～1 mm 且重力水和毛管水可存其中的孔隙,是小孔隙;直径为 0.1～10 μm 且无重力水但毛管现象明显的孔隙是微孔隙;岩土中直径为 0.1 μm～1 mm 且具毛管特性的孔隙称为毛管孔隙。黏性土中直径小于 0.1 μm 且充满结合水的孔隙是超微孔隙,又称超毛管孔隙。

裂缝或裂隙是块体中的三维尺度比大于 10 的孔隙。在裂隙的三维尺度中,当最小尺度人于 100 mm 时,裂隙就转化为腔洞(包括溶蚀管道)。

地质块中只有孔隙而没有明显裂隙与腔洞的储水构造,称之为孔隙型地质构造。只有裂隙而没有明显孔隙与腔洞的储水构造,称之为裂隙型地质构造。以腔洞为主体的储水构造,称之为腔洞型地质构造。由两种或三种储水构造构成,且隧道断面中每种构造的面积占比相差不大,这类混合型地质块称之为混合型地质构造。这样分类后,得到表 2.24 三类突涌孕灾地质基本构造,构造图如图 2.3～图 2.6 所示。

表 2.24　突涌孕灾地质基本构造

种类	第一类	第二类	第三类
基本地质构造	突涌孔隙型孕灾地质构造	突涌裂隙型孕灾地质构造	突涌腔洞型孕灾地质构造

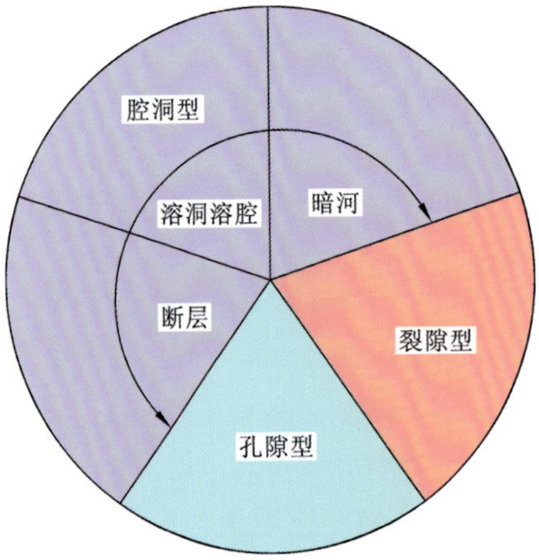

图 2.3　突涌三类孕灾地质构造

图 2.4　突涌孔隙型孕灾地质构造

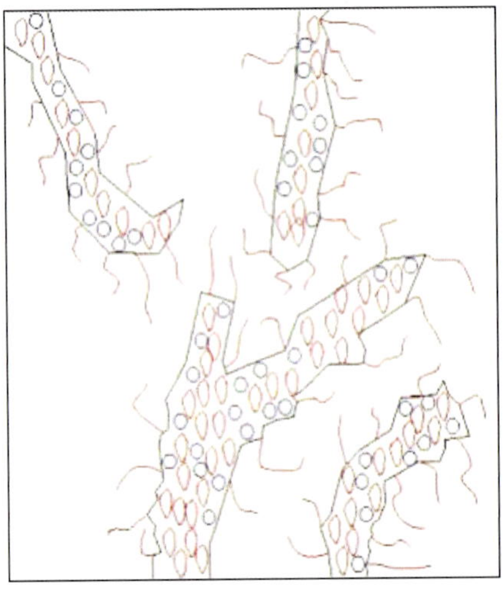

图 2.5　突涌裂隙型孕灾地质构造

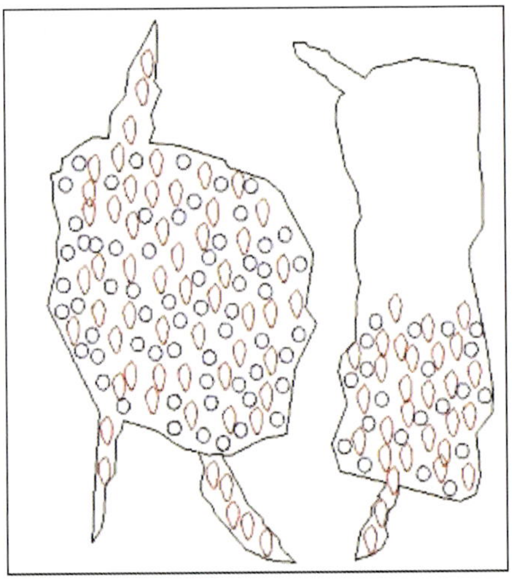

图 2.6　突涌腔洞型孕灾地质构造

这三类突涌孕灾地质基本构造，充分反映了地下水的赋存特征和围岩组成结构特点，同时，还反映了地下水的影响半径和围岩注浆可注性的尺度特性。

2.4.2　地质构造环境递变规律发生的原因

隧道突涌的典型经验是：突涌灾害一般不会拖延到掘进深入突涌隐患区才暴发，而是在非突涌隐患区就被诱发；有些突发的突涌灾害给人一个假象是似乎开挖已深入到了隐患区，其实未真正深入到隐患区。这个经验说明，地质构造环境存在某种递变规律，该规律的存在主要有三方面的原因：

(1) 风化作用。风化作用从地表逐步深入地壳，并逐渐减弱，在同一高程面上同一组分地质体的风化作用效应是等效的，但因环境不同而有所差异，富水时则风化作用效果更为显著，少水时则略减，贫水时则更弱。从而也导致富水区域围岩强度弱，少水则变强，贫水则强度更高。

(2) 渗透作用。围岩受到地下水的三种作用，其作用影响因围岩类型的不同而存在差异，水渗透量大的围岩受影响大，渗透量相对低的围岩受影响相对低。

(3) 组分因素。一般情况下，物质构成组分多的混合物，胶结情况不好，地质构造构成也是一样，组分最多之处也是岩体结合薄弱之处，而组分纯度相对均一的部位岩体胶结强度越好强度越高。

2.4.3　导水与储水结构

导水结构和储水结构，既可能独立存在，也可能相互伴生或混合(张倬元 等，2013)。例如，突涌裂隙型孕灾地质构造、突涌腔洞型孕灾地质构造各自本身属于储水结构；同时，它们相互之间也可能成为对方的导水结构，或成为孔隙型孕灾地质构造的导水结构。

伴生的结构，有时靠得近，有时离得远，这要看具体情况。花岗岩混合岩地区，突涌裂隙型孕灾地质构造和突涌孔隙型孕灾地质构造的距离一般是强风化与中风化层的距离，多数情况下相靠得近；石灰岩与砂岩或泥岩或页岩交接的地质构造，裂隙型地质构造、孔隙型地质构造、腔洞型地质构造组合混合存在的情况也较为常见。

2.4.4　孕灾地质构造的相互联系及转化

突涌孔隙型孕灾地质构造(图 2.4)，存在于各类土体，包括含砂土层、碎石土层、粉性土层，以及地壳风化成泥的覆盖层及断层带内、溶洞溶腔内的填充土层，还有极其破碎接近成土的岩石碎屑层、裂隙的填充物等。地下水存于突涌孔隙型孕灾地质构土体颗粒的孔隙之中，水头主要由静水水头和动水水头构成，动水水头一般较小，静水水头大于动水水头，颗粒粒径越细，颗粒模数越小，动水水头就越小，水压越接近静水水压，同一高程水压趋于相同；反之，颗粒粒径越粗，模数越大，动水水压越大。岩石经久风化成泥的某些环境还保存有线状裂隙痕迹，当水压力增大至影响突涌孔隙型孕灾地质构造的内部稳定时，部分水会首先沿着原先历史上的裂隙的线状路线流动，突涌裂隙型孕灾地质构造复原，在自然状态下，日积月累，局部出现溶蚀管道，部分管道路段会发展成小型的突涌腔洞型孕灾地质构造。

突涌裂隙型孕灾地质构造(图 2.5)，地下水储存于连通的或不连通的岩石线状裂隙之中；储存于不连通的裂隙中的地下水，类似于承压水；储存于连通的裂隙中的地下水，多数属于动水，其水头由静水水头、动水水头、构造承压水头组成，水压一般大于静水水压。经过长时间的冲刷，部分裂隙宽度急剧增大，逐渐发展成突涌腔洞型孕灾地质构造。当突涌裂隙型孕灾地质构中的地下水运动长期趋于平缓时，有些裂隙被沉淀物充填，形成突涌孔隙型孕灾地质构造。

突涌腔洞型孕灾地质构造(图 2.6)，地下水存于土洞或岩洞中，水头由静水水头、动水水头、构造承压水头组成，水压一般大于静水水压。有些突涌腔洞型孕灾地质构造的水量逐渐变小而沉淀物充填逐渐增加，腔洞内部逐渐形成孔隙型孕灾地质构造。

地质构造复杂，难有单一的基本地质构造，几乎是两种或三种基本地质构造的组合或混合，地下水赋存状态相应地与混合地质构造保持相适应。

混合地质构造，主要是由构造运动、地核运动、风化运动、搬运运动造成。构造运动导致了断层、褶皱地质，在该两类地质带内，三种孕灾地质基本构造不同程度存在或混合存在；岩浆活动，导致岩浆侵入地壳浅层，形成一系列物理化学反应，以及出现不同的地应力，地震、火山、板块运动大规模地改变地壳构成，从而形成新的混合地质构造；风化运动，由地表逐步深入地下，不同组分岩质的岩石抗风化能力不同，也是地质构造混合的原因；搬运运动，各地因水而带来的沉积，以及因风而带来的风积，情况各异，也会导致地质构造混合。

因此，相接或相近的地质构造环境存在如下的联系关系：

(1) 突涌裂隙型孕灾地质构造环境普遍是中风化岩层，存水和导水条件均较好。

(2) 突涌裂隙型孕灾地质构造环境是导水中转站。储存于导水中转站的水体通过裂隙输水至裂隙尖端后，一是，向突涌孔隙型孕灾地质构造环境渗透；二是，突涌裂隙型孕灾地质构造通过自身的动水冲刷和溶蚀等水力作用，形成宏观通道，部分区域将出现突涌腔洞型孕灾地质构造环境；三是，接受突涌腔洞型孕灾地质构造环境的供水。

(3) 临近充水的突涌腔洞型孕灾地质构造的过渡区域，一般是存在有压水的突涌裂隙型孕灾地质构造区域。

(4) 邻近有压水的突涌裂隙型孕灾地质构造环境的过渡区域，或是充水的腔洞型地质构造区域，或是富水的孔隙型地质构造区域。

(5) 邻近富水的突涌孔隙型孕灾地质构造环境的过渡区域，多数是裂隙型地质构造区域。

2.4.5 孕灾地质构造类型的启示

孕灾地质构造与突涌源形态具有关联性，通过勘察获取孕灾地质情况和突涌源形态系数 J，正向分析推断突涌隐患程度；通过观测到的突涌灾害形态，反向推测孕灾地质构造。

针对不同孕灾地质构造环境，有相应的干预环境办法，摸清孕灾地质环境，确定了突涌源形态的具体区域，对干预环境均具有先导的参考作用。

2.5 隧道地质构造环境的干预方法

隧道地下环境若存在突涌孕灾地质构造，就是存在突涌隐患，必须对环境进行干预以消除隐患或降低隐患程度。

干预环境的路径主要有三种：对水环境的干预，对围岩环境的干预，以及对两者的综合干预。那么，环境干预与什么相关联？如何制定针对性的措施与手段？下面将讨论分析回应这些问题。

2.5.1 与引排水和注浆相关的尺度效应

若在地质块中采集到了与图 2.7（关宝树 等，2011）相应的数据，既可视为引排水设计的重要参数，也可作为判断地质构造可注性的依据。

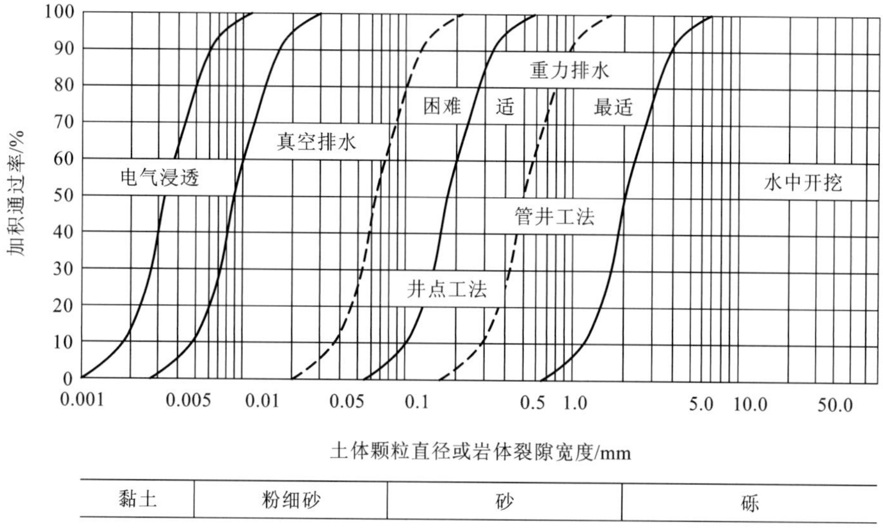

图 2.7　排水方式与注浆工艺适用条件

对隧道环境进行引排水，排水方式的选择依据地下水对围岩的影响半径经验，其实质是围岩颗粒组成粒径或岩石裂隙尺度与地下水可渗透性的关系。

对隧道围岩进行注浆加固，加固工艺的选择依据地层可注性，而地层可注性源自围岩颗粒组成粒径或岩石裂隙尺度。

因此，无论是引排水方式选择，或注浆加固工艺选定，围岩颗粒组成粒径或岩石裂隙尺度即是引排水或注浆加固的基础，也是联结两者的桥梁纽带。

对具体地质块的引排水效果，可为采取何种注浆工艺提供反向参考，同时，注浆效果同样能够影响引排水方式的选择。

2.5.2 围岩注浆的尺度效应

1. 注浆尺度效应

（1）浆材单粒 d 与缝隙 D_0 的关系（崔玖江 等，2011），净空比为

$$n=D_0/d>1 \tag{2-2}$$

（2）浆材群粒结构与缝隙 D_0 的关系（崔玖江 等，2011），净空比为

$$n=D_0/d>3 \tag{2-3}$$

2. 围岩的可注性

向围岩注浆，有些浆注得进去，有些则注不进去，经验见表2.25（王守仁 等，2001）。

（1）可注性

表2.25 围岩的缝隙尺度分级与可注性一览表

缝隙类型		一类缝隙 D_0	二类缝隙 D_0	三类缝隙 D_0
缝隙宽度或粒径大小/mm		$d\leqslant 0.1$	$0.1<d\leqslant 1$	$d>1$
地质构造类型		突涌孔隙型孕灾地质构造	突涌孔隙型孕灾地质构造；突涌裂隙型孕灾地质构造	突涌孔隙型孕灾地质构造；突涌裂隙型孕灾地质构造；突涌腔洞型孕灾地质构造
可注性	溶液	可注	易注	易注
	悬浮液	不可注	需要进行颗粒粒径与缝隙尺度对比，可注性一般	需要进行颗粒粒径与缝隙尺度对比，可注性一般较好

（2）悬浮液颗粒对比

悬浮液能否注进地质构造，主要看它们的颗粒关系，经验如式（2-4）。

注浆比为

$$N=D_{15}/G_{85} \tag{2-4}$$

式中：N为注浆比；D_{15}为土体粒径累计曲线质量百分比为15%所对应的直径；G_{85}为注浆材料的粒径累计曲线质量百分比为85%所对应的直径。当$N\geqslant 15$时，地质构造可以注进悬浮液，$N<15$时，地质构造注不进悬浮液。

3. 注浆工艺的经验尺度

注浆主要有三种工艺：压密注浆（包括充填注浆）、劈裂注浆、渗透注浆（包含电化注浆）。因为存在裂隙尺度或颗粒粒径尺度效应，不同尺度适用不同工艺和材料，经验见表2.26。

表2.26 裂隙尺度、注浆工艺、适用材料一览表

经验尺度	渗透注浆	劈裂注浆	压密注浆	适用注浆材料
$d\leqslant 0.1$ mm	√适用	√可用		化学溶液
0.1 mm$<d\leqslant 1$ mm	√适用	√可用	√可用	水泥悬浮液、水泥-水玻璃悬浮液等
$d>1$ mm	√可用		√可用	水泥悬浮液、水泥-水玻璃悬浮液、水泥基膏浆、化学膨胀膏浆等

2.5.3 引排水的尺度效应

1. 影响半径与环境干预难度成反比关系

通过打井、钻孔、挖坑，形成集水井或集水坑，水在势能的驱动下，向集水井或集水坑渗流，会造成一定范围内的水位、含水量、流动方向出现变化，经过一段时间后，以集水井或集水坑为中心，该范围内出现明显水位下降、含水量减少、流动性降低的情况，称以集水井或集水坑为中心出现明显变化的范围为影响半径，表 2.27 是集水井或集水坑的水量变动与影响半径的关系（郭志业 等，2009）。

表 2.27　单位水位降深或单位出水量与影响半径的经验值

单位涌水量/(L/s·m)	单位降深/(m/L·s)	影响半径/m	单位涌水量/(L/s·m)	单位降深/(m/L·s)	影响半径/m
≥2.0	≤0.5	300～500	0.5～0.33	3.0～2.0	25～50
2.0～1.0	1.0～0.5	100～300	0.33～0.2	5.0～3.0	10～25
1.0～0.5	2.0～1.0	50～100	<0.2	>5.0	<10

一般而言，只有影响半径大于 25m 时，采用平行迂回导洞排水，才可能有效干预到正洞等效断面的水环境。

如果影响半径过小，平行迂回导洞排水，对正洞等效断面的水环境干预效果比较差，作用不大。需要在正洞掌子面采取适当措施干预水环境。

影响半径大的围岩环境，采用悬浮浆液注浆加固围岩，相对容易；注浆液主要是水泥浆为主，影响半径越大，浆液的浓度则可以越大，注浆液中的颗粒可以适当地粗大。

影响半径比较小的围岩环境，采用悬浮浆液注浆加固围岩，加固效果较差；注浆液要采用化学浆溶液或超细水泥浆，影响半径越小，浆液的浓度则要更稀，甚至要使用化学溶液，浆液中的颗粒也要求更细。

2. 围岩颗粒粒径与干预难度成反比关系

实践也证明，围岩颗粒粒径与影响半径也具有相关性，见表 2.28（郭志业 等，2009）。粒径越粗，影响半径越大，反之，粒径越细，影响半径越小。

表 2.28　围岩颗粒粒径与影响半径经验值

地层	粒径/mm	该粒径颗粒所在质量比例/%	影响半径/m
粉砂	0.05～0.10	70 以下	25～50
细砂	0.10～0.25	>70	50～100
中砂	0.25～0.5	>50	100～300
粗砂	0.5～1.0	>50	300～400
砾砂	1～2	>50	400～500
圆砾	2～3	—	500～600
砾石	3～5	—	600～1 500
卵石	5～10	—	1 500～3 000

同样，一般来讲，只有影响半径大于 25 m 时，采用平行迂回导洞排水，才可能有效干预到正洞等效断面的水环境。

影响半径小于25 m时，迂回导洞的作用比较小。

同样，岩体裂隙越细，或土体颗粒越小，采用颗粒较大的浆液加固围岩，相对困难，需要采用化学浆溶液或超细水泥浆，浆液中的颗粒要相对细小。

岩体裂隙越粗，或土体颗粒越大，采用颗粒较大的浆液加固围岩，相对容易；水压高、流量大的，需要使用浓浆，或使用化学膏浆，或使用快凝不易分散的化学浆。

3. 渗透系数与环境干预难度成反比关系

实践表明，渗透系数的大小与颗粒成正比关系，见表2.29（郭志业 等，2009）。渗透系数大，干预围岩环境越容易，反之，则困难。

试验证明，渗透系数小于5.0 m/d时或粒径小于0.1 mm，重力排水就困难（关宝树 等，2011）。

重力排水容易的地质构造，悬浮浆液注浆加固则越容易实施，效果也更好。相反，不能进行重力排水的地质构造，排水方式要另想办法，注浆材料也要加以改变。

表2.29 渗透系数与颗粒粒径经验值

地质构造岩性	粒径/mm	该粒径质量所占比例/%	渗透系数/(m/d)
粉质黏土	—	—	0.05～0.10
黏质粉土	—	—	0.10～0.25
黄土	—	—	0.25～0.50
粉土质砂	—	—	0.50～1.00
粉砂	0.05～0.10	70以下	1.00～1.50
细砂	0.10～0.25	>70	5～10
中砂	0.25～0.50	>50	10～25
粗砂	0.50～1.00	>50	25～50
砾砂	1.00～20.00	>50	50～100
砾石夹砂	—	—	75～150
砾卵石夹粗砂	—	—	100～200
漂砾石	—	—	200～500
圆砾大漂石	—	—	500～1 000

2.5.4 突涌细分区与围岩环境干预尺度效应的联系

突涌源形态系数携带有围岩颗粒粒径或岩石裂隙的尺度信息，可在突涌图内对突涌区再细分得到展现，见表2.30。

表 2.30 突涌源形态细分

水压 $P_水$/MPa \ 围岩强度 $R_围$/MPa		瞬时稳定	瞬时稳定	短时稳定	短时稳定	基本稳定	稳定	稳定	稳定	稳定
		0.04	1	5	15	30	60	80	100	120
潮	0.01	V-1 2.5/10	IV-1 1/100	III-1 2/1000	6/10000	3/10000	2/10000	1.25/10000	1/10000	8/100000
渗	0.1	×	1/10	2/100	III-2 6/1000	3/1000	III-3 2/1000	1.25/1000	1/1000	8/10000
滴	0.2	×	2/10	4/100	1.3/100	6.6/1000	3.3/1000	2.5/1000	2/1000	1.6/1000
涌	0.5	×	5/10	V-2 1/10	IV-2 3/100	1.6/100	8/1000	6.25/1000	5/1000	4.2/1000
跃	0.65	×	VI-1 6.5/10	1.3/10	4/100	2.2/100	IV-3 1.1/100	8.125/1000	6.5/1000	5.4/1000
射	0.85	×	8.5/10	1.7/10	6/100	2.8/100	1.4/100	1.06/100	8.5/1000	7.08/1000
喷	1.0	×	10/10	2/10	7/100	3.3/100	1.6/100	1.25/100	1/100	8.3/1000
击	1.5	×	×	3/10	1/10	5/100	2.5/100	1.875/100	1.5/100	1.25/100
爆	3.0	×	×	VI-2 6/10	V-3 2/10	1/10	5/100	3.75/100	3/100	2.5/100
（罕见）	6.0 以上	×	×	×	4/10	2/10	1/10	7.5/100	6/100	5/100

注：表中“×”表示地质块内不会出现水压力大于围岩强度的情况。

突涌图细分区后，发现上述地质块具有如下尺度效应的特点。

(1) 第 VI 类细分区(表 2.31)。

表 2.31 突涌第 VI 类分区的地质构造特点与排水、注浆尺度效应

细分区	VI-1	VI-2
对应的地质构造	突涌孔隙型孕灾地质构造；突涌孔隙型孕灾地质构造与裂隙型地质构造的混合地质构造	突涌裂隙型孕灾地质构造
特点	水压中等，围岩强度低；重力排水难排，可注性差	水压较高，围岩强度较低；重力排水相对好转，可注性也有好转趋势

(2) 第 V 类细分区(表 2.32)。

表 2.32 突涌第 V 类分区的地质构造特点与排水、注浆尺度效应

细分区	V-1	V-2	V-3
对应的地质构造	突涌孔隙型孕灾地质构造	突涌孔隙型孕灾地质构造；突涌孔隙型孕灾地质构造与裂隙型地质构造的混合地质构造	突涌腔洞型孕灾地质构造；突涌裂隙型孕灾地质构造与突涌腔洞型孕灾地质构造的混合
特点	水压极低，围岩强度极低，重力排水无效，一般注浆工艺加固效果差	水压中等，围岩强度较低；重力排水相对易排，一般注浆工艺加固效果较差	水压较高，围岩强度中等；重力排水易排，注浆效果一般较好

(3) 第 IV 类细分区(表 2.33)。

表 2.33 突涌第 IV 类分区的地质构造特点与排水、注浆尺度效应

细分区	IV-1	IV-2	IV-3
对应的地质构造	突涌孔隙型孕灾地质构造	突涌孔隙型孕灾地质构造	突涌孔隙型孕灾地质构造；突涌腔洞型孕灾地质构造地质构造；突涌裂隙型孕灾地质构造与突涌腔洞型孕灾地质构造的混合
特点	水压极低，围岩强度低；重力排水无效，围岩可注性差	水压中等，围岩强度中等；重力排水相对易排，围岩可注性呈变好趋势	水压较高，围岩强度较高；重力排水易排，围岩可注性较好

(4) 第 III 类细分区(表 2.34)。

表 2.34 突涌第 III 分区的地质构造特点与排水、注浆尺度效应

细分区	III-1	III-2	III-3
对应的地质构造	突涌孔隙型孕灾地质构造	突涌孔隙型孕灾地质构造	突涌孔隙型孕灾地质构造
特点	水压极低，围岩强度较低；不须重力排水，注浆效率不高	水压较低，围岩强度中等；重力排水相对易排，围岩可注性呈变好趋势	水压居于低至中等的范围，围岩强度较高，重力排水易排，围岩可注性较好

2.5.5　排水与注浆尺度效应的启示

上述突涌分区的特点，既体现了突涌源的不同形态，同时也是地质块的水文地质特征，说明对地质块的突涌形态分类是识别、分析、治理突涌隐患的基础，为治理地质块突涌隐患或灾害带来启示。

(1) 地质块携带了地质构造可注性和地下水易排性的信息，为突涌隐患或灾害的治理提供了观察的“窗口”，突涌源形态细分区图就是“窗口”之一。

(2) 治理突涌隐患或灾害，必须具有针对性，并且需要灵活性，引排水手段和注浆手段都要注重尺度效应，方法正确，困难才容易克服。

(3) 地质块是构成隧道断面、段落的基本地质单元，对地质块的分析和后续的断面分析与段落分析打下了扎实的基础。

第 3 章　隧道断面突涌灾害程度分析

隧道某断面内水文地质条件不一定均匀分布，存在两个或两个以上突涌源形态不同的地质块，地质块的面积大小也有所不同，如何估算隧道断面的突涌隐患或灾害程度？这是在突涌灾害识别环节中遇到的第二类难题。

为了解决该问题，需结合施工对隧道断面环境扰动的影响开展分析，从力学上对隧道断面进行定义，从几何上划分隧道区域，并根据隧道断面的变形规律对隧道不同区域进行赋值，依据赋值综合评估隧道断面的突涌灾害程度。

3.1 施工扰动对断面环境的影响

施工扰动是对隧道内在环境的干预，隧道围岩在横向和纵向区域均受到了施工扰动影响，为使分析问题简单化，将对它拆分开来研究，本节专门研究隧道断面环境影响及影响范围。

尚未开挖且远离开挖面的隧道段区域，处于三向受力平衡稳定状态；开挖后，掌子面处出现了临空面，平衡的环境就被破坏，邻近开挖面的断面不同程度受到影响，其中，掌子面附近的隧道断面环境受影响最大。

3.1.1 隧道断面

如图 3.1 所示，隧道的下部是地基，隧道埋置于地基与地表之间，地表之上是大气空间，因此，力学与几何学上，隧道断面是一种半空间断面。

在对隧道围岩进行开挖的过程中，在某桩号位置停止向前作业，则在该掌子面形成了一个中心部位被强烈扰动过的半空间断面，这时，半空间断面的围岩进行应力-应变的自我调整，调整最显著的地方位于裸洞轮廓线周边，这种调整由浅向深逐渐递进，力度则渐次减弱，岩土力学及统计力学认为，当调整量小于最大量值的 5%时，视同为无影响(高谦 等，2011)。因此将调整量与最大量值之比大于 5%的组成范围就称为施工扰动影响断面。

图 3.1 是隧道所处的某断面，是一种半空间断面，在半空间上，尺度无限大。假设图 3.2 是隧道的扰动影响代表断面，具有限定的尺寸。就需要论证图 3.1 的半空间断面与图 3.2 施工扰动影响代表断面两者是等效的断面。

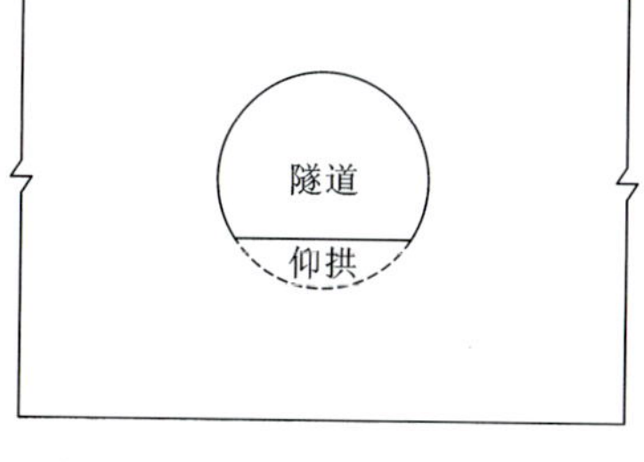

图 3.1 隧道半空间断面

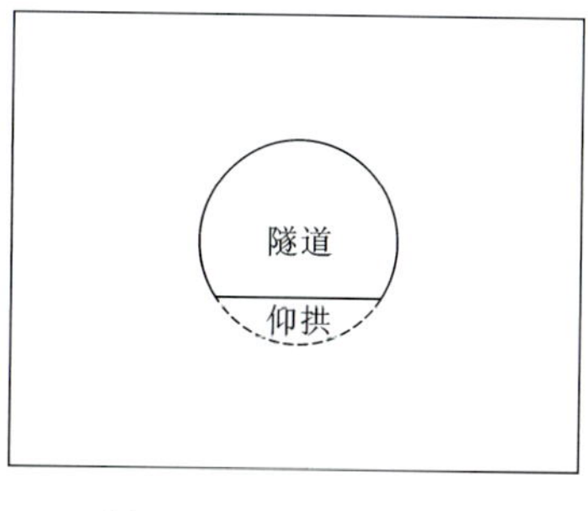

图 3.2 隧道等效断面

3.1.2 力学等效断面

为便于分析问题，假设隧洞的形状是圆形的，大家平常看见铁路、公路的深埋隧道的正洞，路面以上的形状大多是鹅卵形的，其实路面以下的围岩，在隧道开挖施工时也是被挖除的，挖除路面高程部位以下的仰拱的围岩后，形成的裸洞整体形状基本接近圆形，围岩强度越低，仰拱部位被挖除的围岩越多，则裸洞越接近圆形。

岩土力学在计算施工扰动对断面影响上，认为开挖断面有三次应力调整状态（高谦 等，2011）：第一次是初始应力构成阶段；第二次是裸洞应力重新分布和集中应力出现阶段；第三次是对裸洞进行支护后应力的调节阶段。施工扰动对断面的影响范围是专指第二阶段的应力调整范围。

岩土力学对此问题的求解已基本成熟，在此只介绍其基本假设和结论，过程计算和推导予以省略，读者有兴趣可以阅读高谦等著作的《地下工程系统分析与设计》或项彦勇所著的《隧道力学概论》等书籍，以便了解详细推导过程。

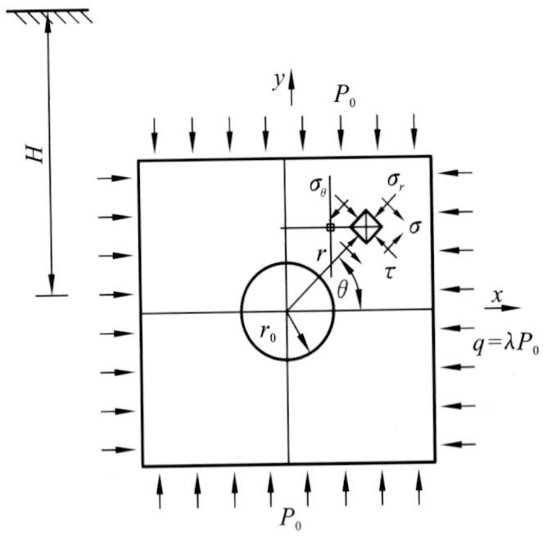

图 3.3　洞室二次应力计算模型

1. 基本假设

(1) 隧道围岩为均质的、各向同性的连续介质。

(2) 只考虑自重产生的初始应力场，初始应力是轴对称分布的。

(3) 隧道形状是圆形的或接近圆形。

(4) 隧道处于地表以下的某深部，可简化为半无限空间的孔洞问题，如图 3.3 所示，P_0 为围岩垂直应力，λ 为侧压力系数，$q=\lambda P_0$ 为围岩侧压力。H 为隧道埋深；r_0 为隧道半径；r 为断面上某点到隧道中心（圆心）的距离；τ 为剪切应力；σ 为正应力；σ_r 为径向正应力；σ_θ 为环向正应力。

2. 结论：任意一点应力表达式

如图 3.3 所示，距离圆心为 r 的任意某一点，第二阶段的应力表达式如下

$$
\begin{aligned}
\sigma_r &= (P_0/2)\times(1+\lambda)\times[1-(r_0^2/r^2)]-(P_0/2)\times(1-\lambda) \\
&\quad \times[1-4\times(r_0^2/r^2)+3\times(r_0^4/r^4)]\times\cos 2\theta \\
\sigma_\theta &= (P_0/2)\times(1+\lambda)\times[1+(r_0^2/r^2)]-(P_0/2)\times(1-\lambda) \\
&\quad \times[1+3\times(r_0^4/r^4)]\times\cos 2\theta \\
\tau_{r\theta} &= (P_0/2)\times(1-\lambda)\times[1+2\times(r_0^2/r^2)-3\times(r_0^4/r^4)]\times\sin 2\theta
\end{aligned}
\tag{3-1}
$$

3. 应力重新分布的范围

从式(3-1)看，应力重新分布与 λ 和 (r_0/r) 相关，λ 是围岩侧压力系数，围岩特性不同 λ 值不同，但不同特性的围岩体的 λ 值相差不大；而 (r_0/r) 的变化值与距离圆心的远近相关，r 越大，(r_0/r) 值变动越大。因此，应力重新分布与 (r_0/r) 的关系最敏感。如图 3.4 和图 3.5 所示，

当 $r=5r_0$ 时，$\sigma_\theta=1.04P_0$，$\sigma_r=0.96P_0$，此时，调整后的应力与重力垂直应力 P_0 相差不大，差距在 5%以内。因此，可以认为裸洞应力重分布的范围大致为隧道半径的 5 倍，也就是 5 倍隧道半径以外的地方，其应力状态回复到了初始应力状态。

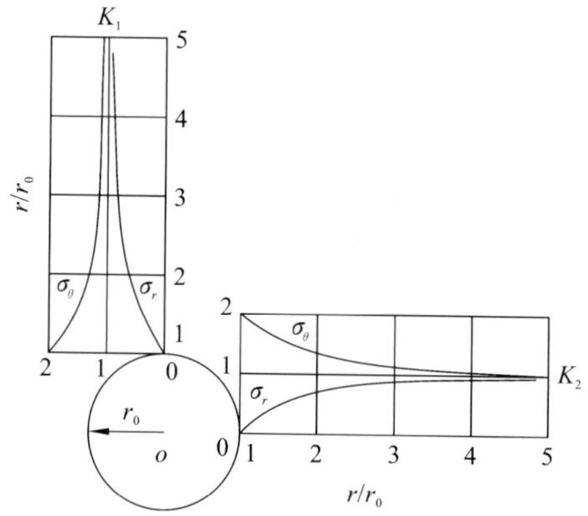

图 3.4　$\lambda=1$ 时圆形隧洞应力调整范围

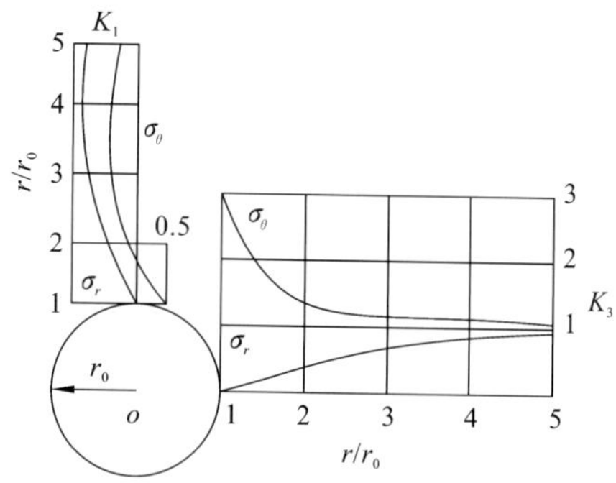

图 3.5　$\lambda=1/4$ 时圆形隧洞应力调整范围

图 3.4 和图 3.5 表示，圆形隧道开挖应力应变的有效影响范围为隧道半径 5 倍的圈层，可将影响范围绘成如图 3.6 所示的圆形图。

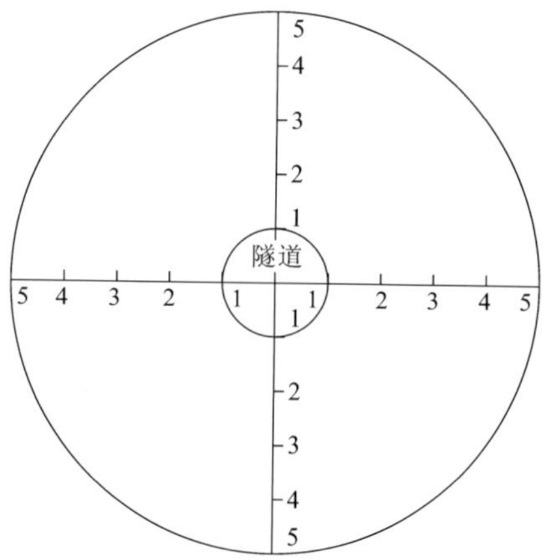

图 3.6　开挖隧道时二次应力有效影响范围示意图

3.1.3　非圆形隧道

目前，各类隧道形状有很大不同，代表断面也会有差异。公路与铁路是隧道应用的主体，目前新建的公路与铁路，深埋隧道多数接近圆形，为阐述方便，本书按圆形隧道开展分析，认定圆形隧道的应力应变的有效影响范围为隧道半径 5 倍的圈层，如图 3.6 所示，该圆圈所包围的平面面积范围就是隧道等效断面，它代表了隧道半空间断面，也就是施工扰动等效影响断面。

非圆形状的隧道，参照圆形形状的隧道等效断面确定等效断面，如图 3.7 和图 3.8 所示。

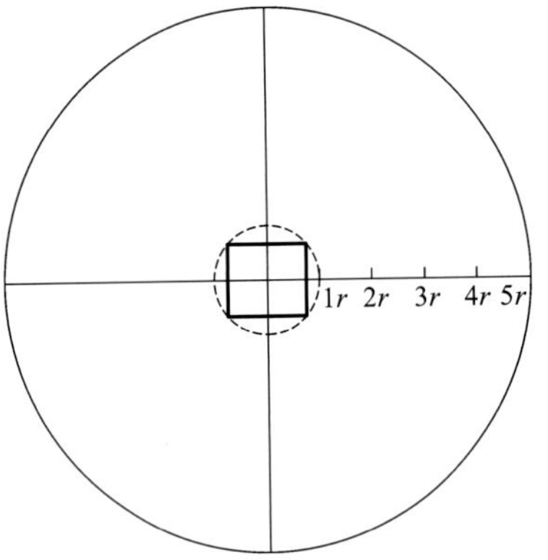

图 3.7 矩形形状隧道等效断面

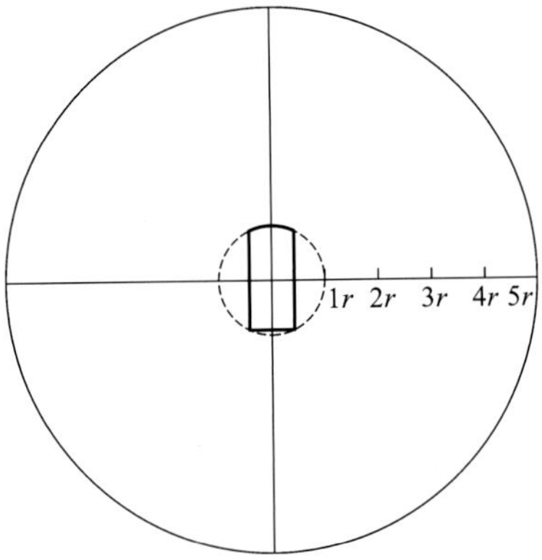

图 3.8 直墙式隧道等效断面

使用其他方法，估算得出在裸洞应力重新分布和集中应力出现阶段的隧道断面应力调整范围，也称为隧道等效断面。一般情况下，该等效断面接近半径为 5 倍隧道半径的圆形断面。

3.1.4 等效断面的塑性圈与弹塑性圈分界

1. 芬纳（R. Fenner）修正公式

隧道围岩不断变形，应力不断调整，出现了弹塑性区、塑性区，在不施加外部支护抗力的情况下，塑性区不断扩大，尤其是软弱围岩塑性区扩展速率更迅速，塑性区扩展到一定程度就会形成松动区，再进一步扩展就会导致围岩松动塌落。

在接近松动塌落的临界状态时，如要确保围岩不塌落，就要施加外部支护抗力，并要求支护抗力大于等于围岩压力。则可使用芬纳修正公式来描述该状态（高谦 等，2011）：

$$P_i=\left(P_0+c\times\frac{1}{\tan\varphi}\right)\times(1-\sin\varphi)\left(\frac{r_0}{R_0}\right)^{\frac{2\sin\varphi}{1-\sin\varphi}}-c\times\frac{1}{\tan\varphi} \tag{3-2}$$

式中：P_i——支护抗力（MPa）；

P_0——围岩垂直应力（MPa）；

c——黏聚力（MPa）；

φ——内摩擦角（°）；

r_0——隧道开挖半径（m）；

R_0——塑性区半径（m）。

2. 塑性半径计算公式

当围岩处于松动塌落的临界状态，不施加外部支护抗力，即外部支护抗力等于 0，围岩仅依靠其自身承载能力维持环境平衡，与掌子面开挖瞬时的状态接近。这时，临界状态下塑性半径计算公式如下：

$$R_0=r_0\times\left[\frac{\left(P_0+c\times\frac{1}{\tan\varphi}\right)(1-\sin\varphi)}{c\times\frac{1}{\tan\varphi}}\right]^{\frac{1-\sin\varphi}{2\sin\varphi}} \tag{3-3}$$

3. 部分岩石隧道和土体隧道的塑性半径

假设 2 车道公路隧道埋深 100 m，围岩物理参数见表 3.1 和表 3.2（廖朝华 等，2012），对于不同围岩隧道，计算得到的隧道塑性半径分别见表 3.1 和表 3.2。

表 3.1　部分岩石物理参数

岩石分级	亚级	重度/(kN/m^3)	内摩擦角 φ/(°)	黏聚力 c/MPa	塑性半径 r_0/m	备注
IV	IV-1	22～23	35～39	0.5～0.7	1.09	取大值计算
	IV-2	21～22	30～35	0.3～0.5	1.23	取大值计算
	IV-3	20～21	27～30	0.2～0.3	1.59	取大值计算
V	V-1	18～20	22～27	0.12～0.2	2.06	取大值计算
	V-2	17～18	20～22	0.05～0.12	3.44	取大值计算

表 3.2　部分土体物理参数

土体分级	亚级	土的分类	重度/(kN/m^3)	内摩擦角 φ/(°)	黏聚力 c/MPa	塑性半径 r_0/m	备注
IV	IV-1	黏质土	20～23	30～45	0.06～0.25	1.25	取大值计算
	IV-2	砂质土	18～19	33～40	0.012～0.024	2.42	取大值计算
	IV-3	碎石土	22～24	43～50	0.019～0.03	1.61	取大值计算
V	V-1	黏质土	18～20	20～30	0.03～0.06	3.18	取大值计算
		砂质土	16.5～18	30～33	0.006～0.012	4.89	取大值计算
		碎石土	20～22	37～43	0.008～0.019	2.29	取大值计算
	V-2	黏质土	16～18	15～20	0.015～0.03	2.03	取大值计算
		砂质土	15～16.5	25～30	0.003～0.006	9.11	c、φ 不准确，塑性半径与实测也不相符。舍去，不参与比较
		碎石土	17～20	30～37	<0.008	4.28	取大值计算
VI	VI-1	黏质土	14～16	<15	<0.015	84.68	c、φ 不准确，塑性半径与实测也不相符。舍去，不参与比较
	VI-2	砂质土	14～15	10～25	<0.003	28.37	c、φ 不准确，塑性半径与实测也不相符。舍去，不参与比较

在确保是深埋隧道的情况下，将表 3.1 和表 3.2 的重度、c、φ 数值代入塑性区半径计算公式，计算结果的总体趋势与以上两表类同或相近。

4. 等效断面的塑性圈与弹塑性圈分界

(1) 岩石隧道的塑性半径

见表 3.1，在不施加任何支护抗力的情况下，岩石隧道裸洞的变形塑性半径几乎全部位于 $1r$～$3r$，多数位于 $1r$～$2r$。

(2) 土体隧道裸洞的塑性半径

在不施加任何支护抗力的情况下，如表 3.2 所示，土体隧道裸洞的塑性半径多数位于$1r$～$3r$，位于 $2r$～$3r$ 的范围所占比例较大。实际上，土体隧道支护是紧跟开挖掌子面的，尤其是软弱围岩隧道还要短进尺，因此，土体隧道裸洞的变形塑性半径将会相应缩小，少数大于 $3r$ 的塑性半径，将退回到 $1r\sim3r$。

(3)为此，推断 $3r\sim5r$ 的范围为弹塑性区；$0\sim3r$ 的范围为塑性区，令 $0\sim1r$ 的范围为塑性大变形区，$1r\sim3r$ 的范围为塑性小变形区。如图 3.9 所示，隧道等效断面内存在三个变形区：弹塑性区、塑性小变形区、塑性大变形区。隧道等效断面以外的范围，处于初始应力状态，为弹性区。

3.1.5 弹塑性圈、塑性圈的变形观测

塑性区的半径，在力学上虽然可以推导，但是难以得到精确的数值，因为在没有人工施加支护抗力或支护抗力不够大的情况下，塑性区是逐渐扩大的，随着时间的推进，最后在隧道开挖轮廓线外形成了一定厚度的松动区，松动区的出现就意味着围岩开始塌落，围岩塌落又令松动区继续在塑性区内扩大，并扩展到弹塑性区，甚至超出等效断面以外。力学推导可以继续演绎这些过程，演绎路径很长，却难以获得精确的、令人满意的答案。若在隧道等效断面内设置变形监测仪，监测到的围岩内部变形的结果可以近似地反映塑性区的变化。例如，提前将多点位移计埋置于开挖断面附近，它将较为完整地记录围岩内部位移变动的情况(周丁恒 等，2009)，如图 3.10 所示，这是陈卫忠等在某矿井用多点位移计测量的围岩内部位移发展情况(陈卫忠 等，2009)，矿井巷道开挖半径为 2.7 m，围岩为Ⅴ级，该图形象地反映了隧道断面的递进与递减变形特点。

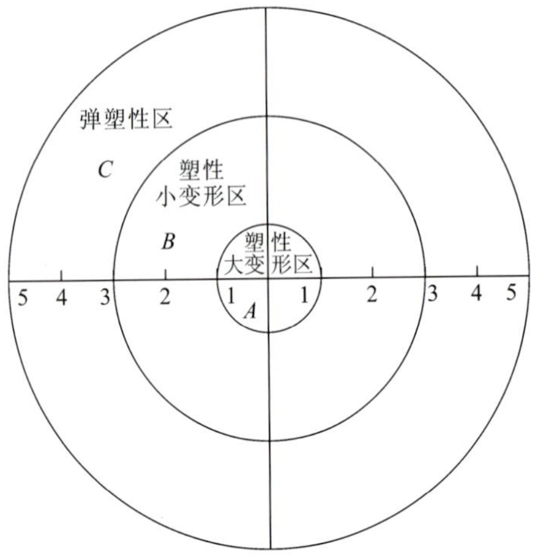

图 3.9 隧洞掌子面开挖初期弹塑性与塑性区示意图

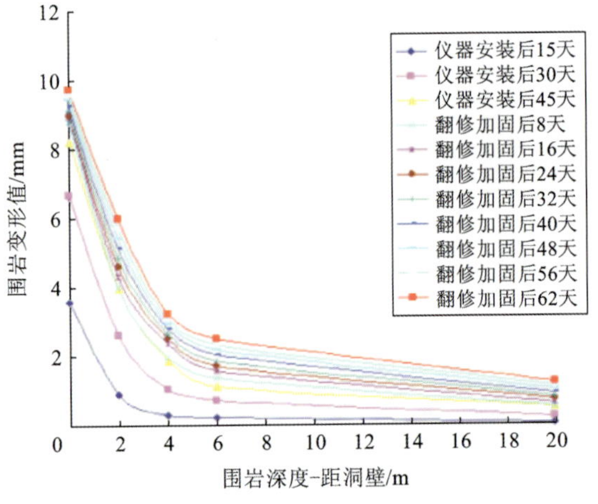

图 3.10 某矿井巷道围岩内部位移发展变化图

量测隧道开挖轮廓净空的变化也可反映出等效断面变形的变化及趋势，从而推断弹塑性圈、塑性圈的范围。

若多点位移计在开挖前就予以设置好，可以测到隧道开挖时刻及开挖后的浅层、深层不同深度部位的围岩位移量，位移量及变化量数值相对比较完整和准确；而量测隧道开挖轮廓净空的变化则只能测量到在隧道开挖后洞壁的变形量，因此，多点位移计测量到的变形量数据相对

准确，而开挖轮廓净空的变化量数据不够准确，但在洞壁的同一位置的变形趋势两者是基本吻合的。周丁恒、张国华、李又云、李帅军等分别在不同的工程量测中予以了证实(周丁恒 等，2009)。

3.1.6　隧道等效断面不同力学区域的相对变形量

1. 围岩内部变形特点

如图 3.9 所示，隧道等效断面的力学区域分别为 *A* 区、*B* 区、*C* 区，分区依据是围岩内部变形速率量级不同。在表 1.5 中的限定跨度内和时间内，隧道开挖后，隧道等效断面内的围岩变形呈现如下特点。

(1) 总体上，围岩变形速率呈现递减，因围岩级别不同有所差别。I 级、II 级、III 级、IV 级围岩，初期(一般开挖后 15 天内)变形急剧增长，中期(15～30 天)变形缓慢增长，最后(30 天后)逐步基本稳定。V 级、VI 级围岩，采取了针对性的稳定围岩措施，也大致遵循三阶段变形发展规律，如果不采取针对性的稳定围岩措施，经历第一阶段的急剧变形后，第二阶段的变形继续缓慢增加但不趋于稳定，最终因累积过大而出现围岩失稳，未能进入第三阶段。

(2) 在围岩内部变形上，由隧道开挖区向周边深部逐步递进，但深部区域的变形速率则逐步递减，因围岩级别不同有所差别。一般情况下，I 级、II 级围岩，变形只发展到 *B* 区较浅的区域；III 级、IV 级围岩，变形发展到 *B* 区稍深的区域；V 级、VI 级围岩，变形发展覆盖 *B* 区并有可能进入 *C* 区。

(3) 遵循三阶段变形发展规律的累计沉降量，整个过程的累计变形量的 50%～80% 发生在第一阶段，其中瞬间发生的先行位移占 20%～30%，因围岩级别不同有所差别。

I 级、II 级围岩，第一阶段的累计变形量比例取高值；V 级、VI 级围岩，第一阶段的累计变形量比例取低值；III 级、IV 级围岩，第一阶段的累计变形量比例取居中值。

2. 隧道围岩的变形速率经验数值

工程界(铁路系统、公路系统乃至岩土界)在围岩变形速率上总结出的经验数值比较一致，见表 3.3(湖北省质量技术监督局，2013)。

表 3.3　围岩变形速率经验数值

大部分技术规程		《公路隧道施工技术细则》(JTG/T F60—2009)		湖北省地方标准《公路隧道监控量测技术规程》(DB42/T 900—2013)等		本书进行的统一微调	
围岩变形速率/(mm/d)	围岩稳定判断	围岩变形速率/(mm/d)	围岩稳定判断	围岩变形速率/(mm/d)	围岩稳定判断	围岩变形速率/(mm/d)	围岩稳定判断
				≥5.0	不稳定		
				1.0～5.0	较不稳定	≥5.0	不稳定
>1.0	不稳定	>1.0	不稳定	0.5～1.0	临界稳定	≥1.0	较不稳定
0.1～1.0	临界稳定	0.2～1.0	临界稳定	0.2～0.5	较稳定	0.1～1.0	临界稳定
<0.1	稳定	<0.2	稳定	<0.2	稳定	<0.1	稳定

3. 第一阶段(初期)*A* 区、*B* 区、*C* 区的变形速率

根据隧道断面变形特点及围岩变形速率的经验数据，隧道等效断面围岩变形在第一阶段的变形速率界限如下：*A* 区的变形速率>1.0 mm/d，处于较不稳定状态；或≥5 mm/d，处于不稳定状态。*B* 区的变形速率为 0.1～1.0 mm/d，处于临界稳定状态。*C* 区的变形速率<0.1 mm/d，处于稳定状态。

4. 初期 *A* 区、*B* 区、*C* 区变形速率的相对量级

A 区的最小变形速率相对于 *C* 区的最大变形速率两者量级相比为 10^{+1} 倍的关系。*B* 区的变形速率居于 *A* 区与 *C* 区之间。就变形速率量级而言，从大到小的排序为：*A* 区、*B* 区、*C* 区。

假设，*C* 区变形速率的量级基准值为 10，即 10^{+1}，则 *A* 区的变形速率的量级就为 10^{+2}，考虑到 *A* 区存在两个等级，*A* 区的变形速率量级中值数取(100＋500)/2＝300，即 $3\times10^{+2}$。由于 *B* 区居于 *A* 区最小变形速率与 *C* 区最大变形速率之间，所以 *B* 区的变形速率量级值取两者边界的中值数，为(10＋100)/2＝55。

从上述分析可知，不同的力学区的变形速率可以赋予相对应的量级数值，反映了施工扰动对隧道等效断面的影响具有层次性的规律与特点。

3.2 隧道等效断面的突涌强度与突涌烈度

地壳中的围岩构成不均匀，赋存在围岩中的地下水分布多样化，地下水与围岩在隧道断面内的组合与分布各处不一定相同，假设隧洞等效断面由若干块地质块组合而成，各地质块围岩强度不一定相等，水压也不一定相近，相应地突涌源形态系数 *J* 也不一定一致，施工扰动相当于施工激活了这些地质块的水文地质条件，导致隧道环境出现了情况转变，包括可能暴发突涌灾害，那么，在什么样的条件下，才会暴发突涌灾害，又怎么评价等效断面突涌隐患或灾害的强弱程度呢？下面将深入分析。

3.2.1 等效断面的分区及排序

1. 等效断面水文地质因素的分布

隧道实际断面内，等效断面内的水文地质条件的分布有可能比较均匀，也可能不均匀，各区域围岩强度往往不尽相等，富水程度与水压力也不尽相同，形成了多个“地质与水文小块”。

2. 隧道等效断面的分区

地质块的分布是没有规律的，但是可以对隧道等效断面进行几何分区，使几何分区有规律，几何分区后，地质块的地质分布仍然是没有规律的，这与等效断面几何规律性分区没有冲突，但是几何规律性分区后，分析问题就方便得多了。

下面介绍如何进行几何规律性分区。

(1) 施工扰动隧道等效断面是轴对称的，分区应体现出对称性。其对称性，以隧道轴心作为中心，以隧道纵轴和横轴线为对称轴分区。

(2) 分区的大小直接影响水文地质勘察及地质识别，过小的分区会显著增大勘探难度，而过大的分区则较难识别地质条件的差异，因此，合适的分区至关重要。

研究发现，$2.0r\times2.0r$ 的分块，恰好可以将隧道完整地“包”进来，根据轴对称原则，上下左右再分别绘制同样大小分块，则形成了一个 $10.0r\times10.0r$ 的正方形大断面和 25 个 $2.0r\times2.0r$ 的小正方形。正方形大断面完全将原来圆形隧道等效断面“包”进去了，并与圆形等效断面相切，如图 3.11 所示。

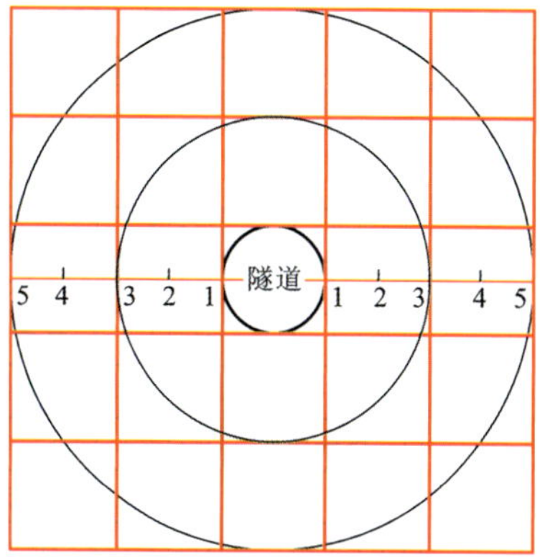

图 3.11　等效断面及轴对称分区示意图

与圆形隧道等效断面相切的大正方形断面，与圆形等效断面相比，差别不大，仅仅多了 4 个角，那么，大正方形断面也称为隧道等效断面。隧道等效断面内的 25 个小正方形，称为隧道等效断面内的轴对称分区。

3. 轴对称分区排序

(1) 弹塑性区、塑性小变形区、塑性大变形区排序

如上所述，设弹塑性 C 区的变形速率量级数值为 10，塑性大变形 A 区的变形速率量级数值为 300，塑性小变形 B 区的变形速率量级数值为 55。对于突涌源所处部位而言，变形速率量级越大的部位，暴发突涌灾害的可能性则越大，位置则越重要。那么，隧道等效断面层圈重要性可按图 3.12 排序。

10	10	10	10	10
10	55	55	55	10
10	55	300	55	10
10	55	55	55	10
10	10	10	10	10

图 3.12　隧道等效断面变形量级排序图

(2) 上下分区突涌灾害易发性排序

静水水压力是沿重力垂直方向作用的，根据作者实践经验，若以隧道的位置为基准，孕灾

分区突涌灾害易发性系数取为 1.0，每上升一个分区系数提高 0.2，每下降一个分区系数降低 0.2，如图 3.13 所示。

10	10	10×1.4	10	10
10	55	55×1.2	55	10
10	55	300×1.0	55	10
10	55	55×0.8	55	10
10	10	10×0.6	10	10

图 3.13 水压所处高程对隧洞的影响程度排序

(3) 左右分区突涌灾害易发性排序

水压力的另一个特性是在同一高程点上各向同性，但孕灾分区越靠近隧道，越容易暴发突涌灾害，反之，离隧道越远则越不容易暴发突涌灾害，现在假设以隧道位置的那列为基准，远离一个分区，突涌灾害易发性系数下降 0.2，如图 3.14 所示。

10×1.0	10×1.2	10×1.4	10×1.2	10×1.0
10×0.8	55×1.0	55×1.2	55×1.0	10×0.8
10×0.6	55×0.8	300×1.0	55×0.8	10×0.6
10×0.4	55×0.6	55×0.8	55×0.6	10×0.4
10×0.2	10×0.4	10×0.6	10×0.4	10×0.2

图 3.14 水压距离隧道的远近对隧道的影响程度排序

(4) 最终排序

经过圈层排序、上下排序、左右排序之后，形成最终排序，如图 3.15 所示。

10	12	14	12	10
8	55	66	55	8
6	44	300	44	6
4	33	44	33	4
2	4	6	4	2

图 3.15　等效断面变形量级排序

隧道等效断面共三个圈层，经计算第一层(内核层)变形速率量级数值为 300，第二层变形速率量级数值合计为 374，第三层变形速率量级数值合计为 112。其中，第一层占 38%，第二层占 48%，第三层占 14%。

4. 内核细分区再排序

内核也可以再细分区，根据上下的重要性赋值，如图 3.16 所示。其他分区也可参考内核细分区的做法来进行分区细分与排序。

<table>
<tr><td>10</td><td>12</td><td colspan="2">14</td><td>12</td><td>10</td></tr>
<tr><td>8</td><td>55</td><td colspan="2">66</td><td>55</td><td>8</td></tr>
<tr><td rowspan="2">6</td><td rowspan="2">44</td><td>360</td><td>360</td><td rowspan="2">44</td><td rowspan="2">6</td></tr>
<tr><td>240</td><td>240</td></tr>
<tr><td>4</td><td>33</td><td colspan="2">44</td><td>33</td><td>4</td></tr>
<tr><td>2</td><td>4</td><td colspan="2">6</td><td>4</td><td>2</td></tr>
</table>

图 3.16　等效断面内核再细分区示意图

5. 分区编号

根据各分区的位置及其赋值，假设排序值代号为 N_i，依据 N_i 进行分区编号，如图 3.17 所示。

<table>
<tr><td>10-1</td><td>12-1</td><td colspan="2">14-0</td><td>12-2</td><td>10-2</td></tr>
<tr><td>8-1</td><td>55-1</td><td colspan="2">66-0</td><td>55-2</td><td>8-2</td></tr>
<tr><td rowspan="2">6-1</td><td rowspan="2">44-1</td><td>360-1</td><td>360-2</td><td rowspan="2">44-2</td><td rowspan="2">6-2</td></tr>
<tr><td>240-1</td><td>240-2</td></tr>
<tr><td>4-1</td><td>33-1</td><td colspan="2">44-3</td><td>33-2</td><td>4-2</td></tr>
<tr><td>2-1</td><td>4-3</td><td colspan="2">6-3</td><td>4-4</td><td>2-1</td></tr>
</table>

图 3.17　等效断面各分区编号

3.2.2　等效断面的突涌强度

1. 地质块突涌强度及隧道等效断面突涌强度

对于各地质块，即各分区，既有对应的突涌源形态系数 J_i 值，也有对应的变形速率量级数值 N_i。在此，令

$$Q = J_i \times N_i \times \xi \tag{3-4}$$

式中：Q 为地质块(分区)突涌源形态的显著程度，无量纲；ξ 为等效断面各分区的边界影响系数(包括横向与纵向)，在等效断面边界以外，以及在隧道上部，地层若为突涌腔洞型孕灾地质构造环境，则将会对等效断面突涌烈度会带来乘数效应。

当分区的边界为充水充泥腔洞时，分区若位于拱顶上部，ξ 取 1.2；若位于与隧道同一高程处，ξ 取 1.10；若位于隧道之下，ξ 取 1.05。

当分区的边界为充水腔洞时，分区若位于拱顶上部，ξ 取 1.10；若位于与隧道同一高程处，ξ 取 1.05；若位于隧道之下，ξ 取 1.03。

当分区的边界为干腔洞，分区若位于拱顶上部，ξ 取 1.05；若位于与隧道同一高程处，ξ 取 1.03；若位于隧道之下，ξ 取 1.0。

当分区的边界为非腔洞时，ξ 一律取 1.0。

ξ 的取值很重要，值得研究，在没有取得更多、更准确的成果的情况下，本书暂时按 1.0 取值。

将隧道等效断面内全部 25 个分区的突涌强度相加，得到隧道等效断面的总突涌强度，即

$$Q_{总} = \sum (J_i \times N_i \times \xi)。$$

2.“装入”突涌强度

经勘探，获取了各分区的水压与围岩强度，经计算得出各分区的突涌形态系数 J_i，将各分区的 $(J_i \times N_i \times \xi)$ 称为突涌强度 Q_i。对于隧道等效断面，则总突涌强度为 $Q_{总} = \sum (J_i \times N_i \times \xi)$。图 3.18 是 ξ 取值为 1.0 时，将各分区的 Q_i“装入”等效断面的情况。

<table>
<tr><td>$J_{10\text{-}1}$
$\times 10 \times \xi$</td><td>$J_{12\text{-}1}$
$\times 12 \times \xi$</td><td colspan="2">$J_{14\text{-}0}$
$\times 14 \times \xi$</td><td>$J_{12\text{-}2}$
$\times 12 \times \xi$</td><td>$J_{10\text{-}2}$
$\times 10 \times \xi$</td></tr>
<tr><td>$J_{8\text{-}1}$
$\times 8 \times \xi$</td><td>$J_{55\text{-}1}$
$\times 55 \times \xi$</td><td colspan="2">$J_{66\text{-}0}$
$\times 66 \times \xi$</td><td>$J_{55\text{-}2}$
$\times 55 \times \xi$</td><td>$J_{8\text{-}2}$
$\times 8 \times \xi$</td></tr>
<tr><td rowspan="2">$J_{6\text{-}1}$
$\times 6 \times \xi$</td><td rowspan="2">$J_{44\text{-}1}$
$\times 44 \times \xi$</td><td>$J_{1200\text{-}1}$
$\times 360 \times \xi$</td><td>$J_{1200\text{-}2}$
$\times 360 \times \xi$</td><td rowspan="2">$J_{44\text{-}2}$
$\times 44 \times \xi$</td><td rowspan="2">$J_{6\text{-}2}$
$\times 6 \times \xi$</td></tr>
<tr><td>$J_{800\text{-}1}$
$\times 240 \times \xi$</td><td>$J_{800\text{-}2}$
$\times 240 \times \xi$</td></tr>
<tr><td>$J_{4\text{-}1}$
$\times 14 \times \xi$</td><td>$J_{33\text{-}1}$
$\times 33 \times \xi$</td><td colspan="2">$J_{44\text{-}3}$
$\times 44 \times \xi$</td><td>$J_{33\text{-}2}$
$\times 33 \times \xi$</td><td>$J_{4\text{-}2}$
$\times 4 \times \xi$</td></tr>
<tr><td>$J_{2\text{-}1}$
$\times 2 \times \xi$</td><td>$J_{4\text{-}3}$
$\times 4 \times \xi$</td><td colspan="2">$J_{6\text{-}3}$
$\times 6 \times \xi$</td><td>$J_{4\text{-}4}$
$\times 4 \times \xi$</td><td>$J_{2\text{-}1}$
$\times 2 \times \xi$</td></tr>
</table>

图 3.18　等效断面突涌强度计算方法

3. 突涌源形态系数的限定计算值和基准 J 值

曾经介绍了隧道突涌形态共有 6 类，其中，第 III 类为稳定与不稳定的过渡区间，J 的数值区间为 $1\times10^{-3} \leqslant J < 1\times10^{-2}$，属于弹塑性状态范围；$J$ 的数值区间 $1\times10^{-2} \leqslant J < 1\times10^{-1}$，属于全塑性状态范围；$J$ 的数值 1×10^{-2} 属于弹塑性状态向全塑性状态的转折点，此数值是突涌源形态第 III 类形态的最高值，称为突涌源形态系数的基准值，即，$J_{基准} = 1\times10^{-2}$。

突涌源形态系数等于 1×10^{-1}，围岩处于瞬时稳定与完全不安全状态的临界状态。计算突涌强度，突涌源形态系数大于等于 1×10^{-1} 时，均认为围岩处于瞬时稳定与完全不安全状态的临界状态，J 值一律取值为 1×10^{-1}，即 1×10^{-1} 为计算突涌强度时突涌源形态系数的最大限定计算值。

计算突涌强度时，对突涌源形态系数 J 值的取值作了一些限定，请读者予以留意。

4. 隧道基准等效断面与隧道基准等效断面突涌总强度

若隧道等效断面内各分区的突涌形态系数均为 1×10^{-2}，即各分区的 J 值均为基准值 $J_{基准}$，同时 ξ 取值为 1.0，则这样的隧道等效断面称为隧道基准等效断面。

图 3.19 是隧道基准等效断面的各分区突涌强度分布情况，汇总后可以得到基准等效断面突涌总强度。

<table>
<tr><td>$J_{基准}\times10\times1.0$</td><td>$J_{基准}\times12\times1.0$</td><td colspan="2">$J_{基准}\times14\times1.0$</td><td>$J_{基准}\times12\times1.0$</td><td>$J_{基准}\times10\times1.0$</td></tr>
<tr><td>$J_{基准}\times8\times1.0$</td><td>$J_{基准}\times55\times1.0$</td><td colspan="2">$J_{基准}\times66\times1.0$</td><td>$J_{基准}\times55\times1.0$</td><td>$J_{基准}\times8\times1.0$</td></tr>
<tr><td rowspan="2">$J_{基准}\times6\times1.0$</td><td rowspan="2">$J_{基准}\times44\times1.0$</td><td>$J_{基准}\times360\times1.0$</td><td>$J_{基准}\times360\times1.0$</td><td rowspan="2">$J_{基准}\times44\times1.0$</td><td rowspan="2">$J_{基准}\times6\times1.0$</td></tr>
<tr><td>$J_{基准}\times240\times1.0$</td><td>$J_{基准}\times240\times1.0$</td></tr>
<tr><td>$J_{基准}\times14\times1.0$</td><td>$J_{基准}\times33\times1.0$</td><td colspan="2">$J_{基准}\times44\times1.0$</td><td>$J_{基准}\times33\times1.0$</td><td>$J_{基准}\times4\times1.0$</td></tr>
<tr><td>$J_{基准}\times2\times1.0$</td><td>$J_{基准}\times4\times1.0$</td><td colspan="2">$J_{基准}\times6\times1.0$</td><td>$J_{基准}\times4\times1.0$</td><td>$J_{基准}\times2\times1.0$</td></tr>
</table>

图 3.19　等效断面基准突涌强度

设基准等效断面突涌强度 $Q_{基准}=\{\sum(J_{基准}\times N_{1-外}\times\xi)+\sum(J_{基准}\times N_{1-内}\times\xi)/4\}$，$N_{1-外}$ 是 24 个具体分区的排序数值，$N_{1-内}$ 是内核 1 个分区中的 4 个细分区的具体排序数值。

则基准等效断面突涌强度：

$$\begin{aligned}Q_{基准}&=1\times10^{-2}\times\sum[(10+12+14+12+10)+(8+55+66+55+8)\\&\quad+(6+44+44+6)+(4+33+44+33+4)+(2+4+6+4+2)]\\&\quad+[1\times10^{-2}\times\sum(360+360+240+240)/4]=(486+300)\times1\times10^{-2}=7.86\end{aligned}\tag{3-5}$$

最后，隧道基准等效断面突涌总强度为 7.86，为无量纲数值。

3.2.3 基准等效断面突涌图(填色)

将突涌第 III 类的形态所对应的颜色填入各分区中，得到基准等效断面突涌填色图，如图 3.20 所示。

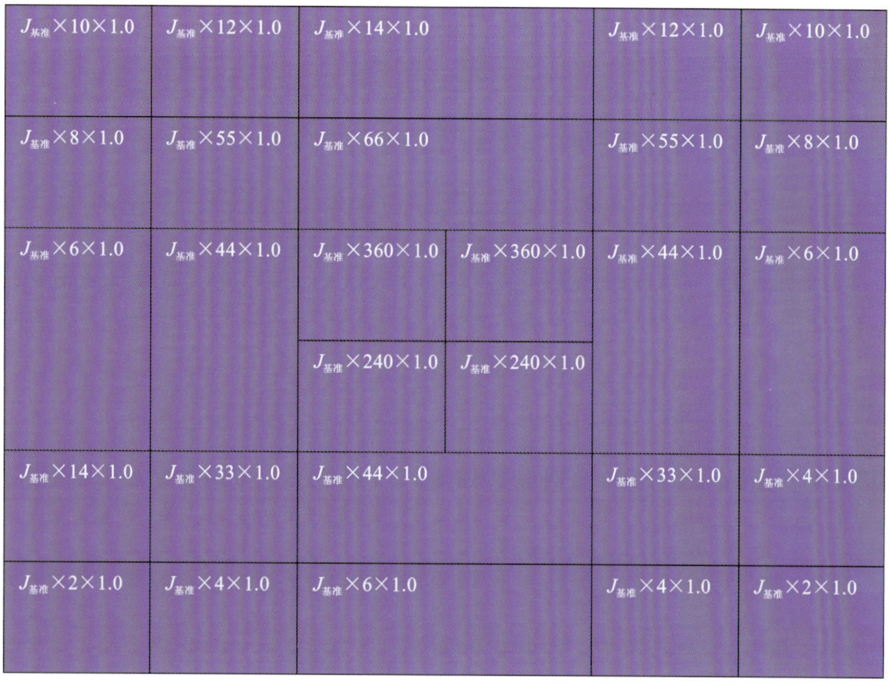

图 3.20　等效断面突涌基准图

3.2.4　隧道等效断面突涌烈度

得到隧道等效断面各分区的突涌强度和断面总强度后，判断突涌源形态的显著程度基本有了一个尺度，对于判断隧道等效断面突涌灾害影响程度的强弱还不够明显，为此，引入隧道等效断面突涌烈度的概念。

令

$$G=(Q_{总}-Q_{基准})/Q_{基准} \tag{3-6}$$

式中：G 为实际等效断面的突涌烈度，当 $G\geqslant 0$ 时，突涌暴发；当 $G<0$ 时，不暴发突涌；$Q_{总}$ 为实际等效断面的突涌强度；$Q_{基准}$ 为基准等效断面的突涌强度。

在此，突涌烈度 G，表示相对于隧道基准等效断面，实际隧道等效断面暴发突涌灾害的相对强弱程度。

3.2.5　案例

图 3.21 为某隧道某实际等效断面及分区。

1. 先将各分区的 J_i 值如上述做法“装入”图内，形成了各分区的 Q_i，$Q_i=J_i\times N_i\times\xi$，$\xi$ 取值为 1.0。

<table>
<tr><td>0.0007×10</td><td>0.005×12</td><td colspan="2">0.006×14</td><td>0.03×12</td><td>0.04×10</td></tr>
<tr><td>0.006×8</td><td>0.015×55</td><td colspan="2">0.02×66</td><td>0.3×55
计算Q时：
0.1×55</td><td>0.04×8</td></tr>
<tr><td rowspan="2">0.03×6</td><td rowspan="2">0.05×44</td><td>0.06×
360</td><td>0.08×
360</td><td rowspan="2">0.55×44
计算Q时：
0.1×44</td><td rowspan="2">0.75×6
计算Q时：
0.1×6</td></tr>
<tr><td>0.007×
240</td><td>0.009×
240</td></tr>
<tr><td>0.2×14
计算Q时：
0.1×14</td><td>0.5×33
计算Q时：
0.1×60</td><td colspan="2">0.007×44</td><td>0.0008×33</td><td>0.009×4</td></tr>
<tr><td>0.002×2</td><td>0.065×4</td><td colspan="2">0.4×6
计算Q时：
0.1×6</td><td>0.65×4
计算Q时：
0.1×4</td><td>0.04×2</td></tr>
</table>

图 3.21　实际等效断面突涌强度计算方法

2. 计算实际隧道等效断面的突涌强度 $Q_{总}$。

$$Q_{总} = 【\sum(J_{实际} \times N_{I-外}) + \sum(J_{实际} \times N_{I-内})/4】 = 【(0.0007 \times 10 + 0.005 \times 12 + 0.006 \times 14 + 0.03 \times 12 + 0.04 \times 10) + (0.006 \times 8 + 0.015 \times 55 + 0.02 \times 66 + 0.1 \times 55 + 0.04 \times 8) + (0.03 \times 6 + 0.05 \times 44 + 0.1 \times 44 + 0.1 \times 6) + (0.1 \times 14 + 0.1 \times 33 + 0.007 \times 44 + 0.0008 \times 33 + 0.009 \times 4) + (0.002 \times 2 + 0.065 \times 4 + 0.1 \times 6 + 0.1 \times 4 + 0.04 \times 2)】 + 【(0.06 \times 360 + 0.08 \times 360 + 0.007 \times 240 + 0.009 \times 240)/4】 = (0.911 + 8.013 + 7.38 + 5.070 + 1.344) + 13.56 = 36.278 \tag{3-7}$$

实际隧道等效断面的总突涌强度为 36.278。

3. 计算实际隧道等效断面的突涌突涌烈度 G。

$$G = (Q_{总} - Q_{基准})/Q_{基准} = (36.278 - 7.86)/7.86 = 362/100 \tag{3-8}$$

4. 实际隧道等效断面突涌填色图。

将 J 值代表色涂进各分区，得到如图 3.22 的实际隧道等效断面突涌填色图。

5. 突涌烈度 G 的数值区间。

(1) 突涌源形态系数 J 的取值区间为 $0 \sim 10^{-1}$。如果 $J > 10^{-1}$，一律令 $J = 10^{-1}$。

(2) 隧道等效基准等效断面的总突涌强度为 7.86，$J = 10^{-2}$。

(3) 鉴于以上两个条件，则 G 的取值区间如下：①第 1 种情况，外核 24 个分区和内核 4 个细分区的 J 值全部接近 10^{-1}。则，$G_1 = (78.6—7.86)/7.86 = 900\% > 0$，由于 $Q = J_i \times N_i \times \xi$，即由于腔洞边界影响系数的存在，$G_1$ 还可能大于 900%，为此，将该区划分为两个范围：0<

图 3.22　等效断面的实际突涌图

$G_1 \leqslant 900\%$，属于一般突涌隐患断面；$G_1 > 900\%$，属于特殊突涌隐患断面。②第 2 种情况，外核 24 个分区和内核 4 个细分区的 J 值全部接近 1.0×10^{-2}，或断面 $Q_{总}$ 为 7.86。则，$G_4=(7.86-7.86)/7.86=0$。0 突涌烈度，这时的隧道等效断面，称为隧道基准等效断面，属于突涌过渡断面。③第 3 种情况，外核 24 个分区和内核 4 个细分区的 J 值全部接近 0。则，$G_1=(0-7.86)/7.86=-100\%<0$，突涌烈度最低值，即是 $-100\% \leqslant G_1 < 0$，属于非突涌断面。

6. 突涌烈度取值区间与隧道等效断面属性。

1）突涌烈度取值区间

区间 1：$G_1 > 900\%$，特殊突涌隐患断面；

区间 2：$0 < G \leqslant 900\%$，一般突涌隐患断面；

区间 3：$G=0$，突涌过渡断面；

区间 4：$-100\% \leqslant G < 0$，非突涌隐患断面。

2）隧道等效断面属性（表 3.4）

表 3.4　突涌烈度区间与等效断面属性

断面属性	非突涌隐患断面	过渡断面	一般突涌隐患断面	特殊突涌隐患断面
突涌烈度取值区间	$-100\% \leqslant G < 0$	$G=0$	$0 < G \leqslant 900\%$	$G > 900\%$

从上述分析看，通过对等效断面分区，然后根据分区重要程度对分区赋值，再往分区“装入”突涌源形态系数，确定了等效断面突涌强度。再建立基准等效断面，计算得到了基准总突涌强度，则对于任何实际等效断面，只要能计算出其等效断面突涌总强度 Q，就可以计算得到

其突涌烈度 G,得到突涌烈度 G 就可判断等效断面的属性。

7. 过渡断面 G 的取值修正。

(1) 基准等效断面及其允许偏差

地壳与地下水的组合极其复杂,自然界中难以恰好得到如图 3.23 所示的一个标准的基准等效断面。

为此,可以允许隧道等效断面存在一些偏差。例如,图 3.24 的隧道等效断面,即是最外层的 J 值可以采用突涌源形态第 IV 类的数值。

考虑到最外层变形速率量级数值汇总数只占隧道等效断面的 14%,而第二层与第一层总共占到 86%,第一层和第二层居主导地位,因此,类似图 3.24 的隧道等效断面及其突涌烈度,也是可以接受的。

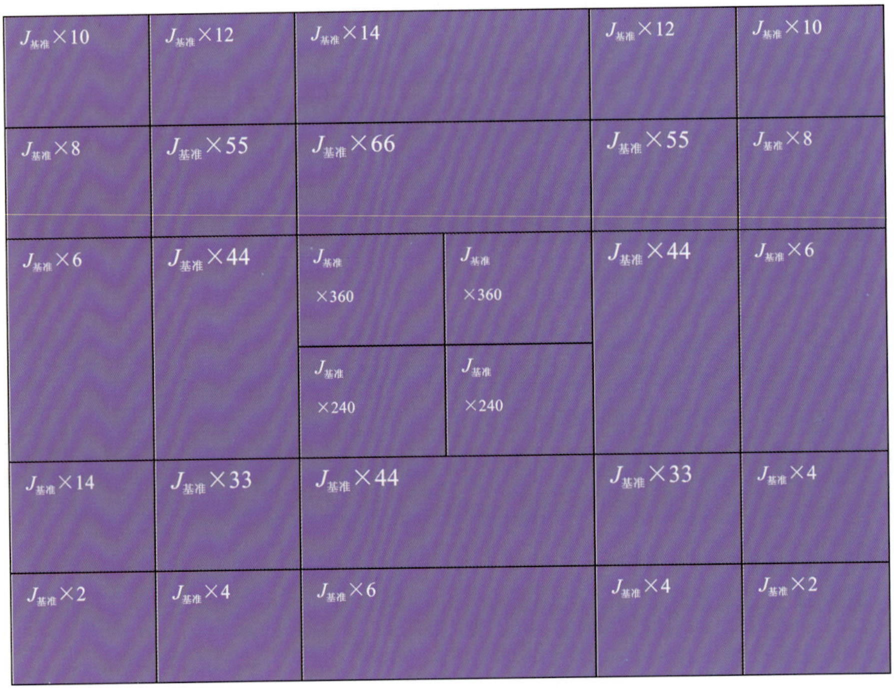

图 3.23 等效断面基准突涌图

图 3.24 中,J_{IV}为第 IV 类突涌源形态系数,若 J_{IV}取突涌源第 IV 形态系数区间的中值,则 J_{IV}=0.055,则图 3.24 隧道等效断面的突涌烈度 G=(112×0.055+6.74−7.86)/7.86=64%。

(2) 隧道等效断面突涌属性修正

隧道等效断面突涌属性的修正见表 3.5。利用表 3.5,在抗突涌实践中,通过勘察工作而确定隧道具体断面的突涌属性,属于灾害识别环节的工作;对灾害进行治理后,再通过勘察工作而确定隧道具体断面的突涌属性,属于治理质量评价环节的工作。这两个环节的工作方法是一样的,只是实施时间的不同而已,在隧道突涌形态分析法看来,灾害识别与治理质量评价是统一的。

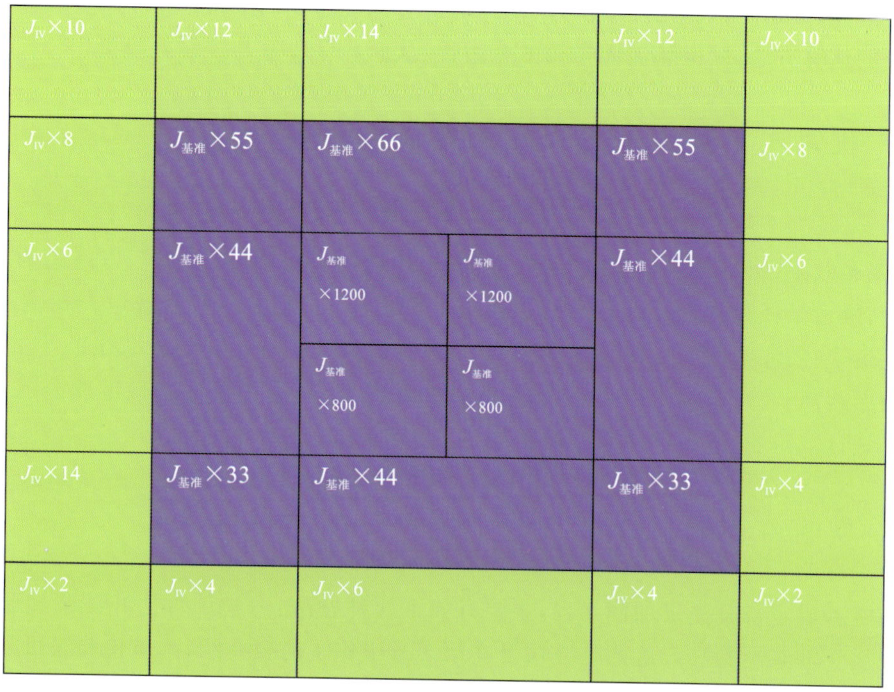

图 3.24　等效断面基准突涌图允许偏差

表 3.5　修正后的突涌烈度区间与等效断面属性

断面	突涌烈度取值区间
非突涌隐患断面	$-100\% \leqslant G < 0$
过渡断面	$0 \leqslant G \leqslant 64\%$
一般突涌隐患断面	$64\% < G \leqslant 900\%$
特殊突涌隐患断面	$G > 900\%$

以上的分析与计算，实际是确立了由多个地质块构成的隧道等效断面其突涌隐患程度或灾害程度的估算办法，也就是在隧道等效断面内，即适用于水文地质条件分布不均匀的情况，更适合水文地质条件分布均匀的情况，找到了一条估算与判断隧道等效断面突涌隐患或灾害相对强弱程度的技术线路。

3.3　隧道帷幕注浆加固半径估算方法

对于突涌隐患程度严重的隧道，需要采用帷幕注浆加固围岩时，确定合适的帷幕注浆加固半径是灾害治理环节中的一个关键工作。若加固半径过小，加固作业结束后隧道等效断面的属性仍属于突涌隐患断面，说明加固作业质量不合格，贸然开挖隧道就存在突涌风险；若加固半径过大，注浆作业是资源高消耗的工序，会导致隧道建造费用大幅增加，给投资工作带来巨大压力。因此，采用帷幕注浆加固围岩、治理隧道突涌隐患时，亟须科学合理的隧道帷幕注浆加固半径的估算方法，以保障加固半径的合适性，从而确保质量与控制好投资。

3.3.1 帷幕注浆加固半径或注浆厚度概念

$$注浆有效半径=隧道半径+注浆厚度+注浆影响半径 \tag{3-9}$$

式中：注浆有效半径为注浆加固隧道围岩，使围岩环境发生根本变化范围，以隧道为中心的圆形的半径；隧道半径为隧道开挖轮廓线而形成的圈的半径，业界一般将隧道开挖宽度 B 的一半视为隧道半径；注浆厚度为注浆加固围岩时，开挖轮廓线的注浆孔与轮廓线以外注浆孔末端的环向投影距离；注浆影响半径为注浆时，浆液扩散深度，可通过渗透扩散经验公式或劈裂扩散经验公式计算得到，或通过注浆试验得到，经验上一般取值为 2.5 m。

3.3.2 既有经验确定帷幕注浆加固半径的主要办法

既有经验确定帷幕注浆加固半径，主要有如下两种办法：力学计算法和注浆经验法，工程类比法也属于注浆经验法。这两种方法已在第 1 章中作了简要介绍，本节检验其可靠性。

3.3.3 隧道突涌灾害形态分析法确定加固半径的研究

1. 工况假设

为了分析不同治理范围（不同工况）下的治理效果，开展治理范围分别为 1r（工况 1）、2r（工况 2）、3r（工况 3）、5r（工况 4）的研究，隧道等效断面治理范围示意图如图 3.25 所示，图中白色表示开挖断面，紫红色表示注浆加固有效范围已变为硬壳，青绿色表示未经治理的范围。开挖轮廓线以外，从青绿色变为紫红色，表示隧道环境经治理后发生了根本变化。

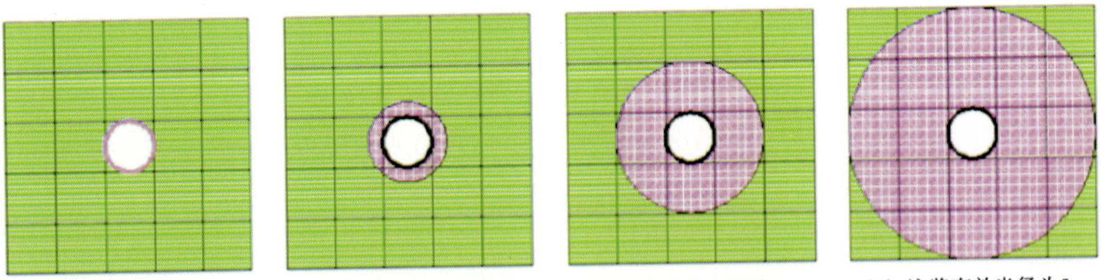

(a) 注浆有效半径为1r　(b) 注浆有效半径为2r　(c) 注浆有效半径为3r　(d) 注浆有效半径为5r

图 3.25　治理范围及治理效果示意图

2. 工况 1

假设治理壳外的范围，突涌源形态系数 J 值均为 10^{-1}；治理壳内，突涌源形态系数 J 逐渐变小，假设分别变为 10^{-2}、10^{-3}、10^{-4}、0，则计算得到的对应隧道等效断面的突涌烈度 G 值见表 3.6。

表 3.6　工况 1 有效注浆半径与突涌烈度值

图示	图 3.25(a)	图 3.25(b)	图 3.25(c)	图 3.25(d)
有效半径 壳内 J 值	$1r$	$2r$	$3r$	$5r$
工况 1-1：$J=10^{-2}$	556%	342%	128%	0
工况 1-2：$J=10^{-3}$	522%	286%	51%	−90%
工况 1-3：$J=10^{-4}$	519%	281%	43%	−99%
工况 1-4：$J=0$	518%	280%	42%	−100%

3. 工况 2

假设治理壳外的范围，突涌源形态系数 J 值均为 0.055；治理壳内，突涌源形态系数 J 逐渐变小，假设分别变为 10^{-2}、10^{-3}、10^{-4}、0，则计算得到的对应隧道等效断面的突涌烈度 G 值见表 3.7。

表 3.7　工况 2 突涌烈度值

图示	图 3.25(a)	图 3.25(b)	图 3.25(c)	图 3.25(d)
有效半径 壳内 J 值	$1r$	$2r$	$3r$	$5r$
工况 2-1：$J=10^{-2}$	316%	171%	64%	0
工况 2-2：$J=10^{-3}$	243%	115%	−13%	−90%
工况 2-3：$J=10^{-4}$	241%	110%	−21%	−99%
工况 2-4：$J=0$	240%	109%	−22%	−100%

4. 工况 3

假设治理壳外的范围，突涌源形态系数 J 值均为 0.027 5；治理壳内，突涌源形态系数 J 逐渐变小，假设分别变为 10^{-2}、10^{-3}、10^{-4}、0，则计算得到的对应隧道等效断面的突涌烈度 G 值见表 3.8。

表 3.8　工况 3 突涌烈度值

图示	图 3.25(a)	图 3.25(b)	图 3.25(c)	图 3.25(d)
有效半径 壳内 J 值	$1r$	$2r$	$3r$	$5r$
工况 3-1：$J=10^{-2}$	108%	67%	25%	0
工况 3-2：$J=10^{-3}$	74%	11%	−52%	−90%
工况 3-3：$J=10^{-4}$	71%	5%	−59%	−99%
工况 3-4：$J=0$	70%	4%	−61%	−100%

5. 工况 4

假设治理壳外的范围，突涌源形态系数 J 值均为 10^{-2}；治理壳内，突涌源形态系数 J 逐渐变小，假设分别变为 10^{-2}、10^{-3}、10^{-4}、0，则计算得到的对应隧道等效断面的突涌烈度 G 值见表 3.9。

表 3.9　工况 4 突涌烈度值

图示	图 3.25(a)	图 3.25(b)	图 3.25(c)	图 3.25(d)
有效半径 / 壳内 J 值	$1r$	$2r$	$3r$	$5r$
工况 4-1：$J=10^{-2}$	0	0	0	0
工况 4-2：$J=10^{-3}$	−34%	−55%	−77%	−90%
工况 4-3：$J=10^{-4}$	−37%	−61%	−84%	−99%
工况 4-4：$J=0$	−38%	−62%	−86%	−100%

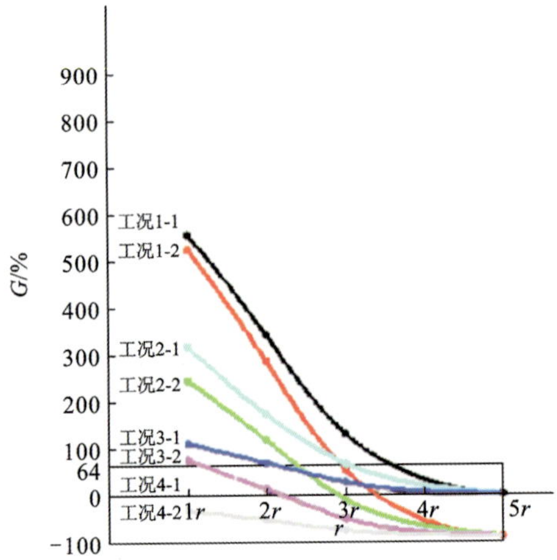

图 3.26　注浆加固有效半径与突涌烈度

6. 有效加固厚度或加固半径图示

从表 3.4～表 3.7 可看出，突涌源形态系数 J 分别为 10^{-3}、10^{-4}、0 时，突涌烈度 G 值相差已较小，所以可以只比较突涌源形态系数 J 分别为 10^{-2}、10^{-3} 时的突涌烈度 G 值，并将上述表中对应工况的隧道等效断面突涌烈度 G 值和加固有效半径 r 拟合成曲线，如图 3.26 所示。

7. 突涌形态分析法的 G 值变化规律或趋势

(1) 加固有效半径越大，治理后，隧道等效断面的突涌烈度下降越多。

(2) 加固有效半径内的治理效果越好，隧道等效断面的突涌烈度下降越多。

(3) 加固有效半径与隧道断面突涌隐患程度密切相关，断面隐患程度越大，加固有效半径需增大；相反，加固有效半径可以减小。

8. 有效加固半径的临界值

可以根据等效断面内各分区的突涌源系数 J 值，结合治理目标，估算加固半径分别为 $1r$、$2r$、$3r$、$5r$ 所对应的 G 值。在图中若 G 值落在 0～64%，或稍比 64% 大一点的范围，得到的加固厚度或加固半径的范围均可接受。一般来说，以 64% 作为估算有效加固半径的临界值。

9. 不同开挖工艺 G 值的相对变化

如图 3.27 所示，将开挖断面分区，缩小开挖区域，采用两台阶开挖法、三台阶开挖法、CRD 开挖法或 CD 法、双侧壁开挖法开挖隧道，对围岩扰动较小，是相对安全的工艺（肖广智，2016），已得到证明和广泛的认可。

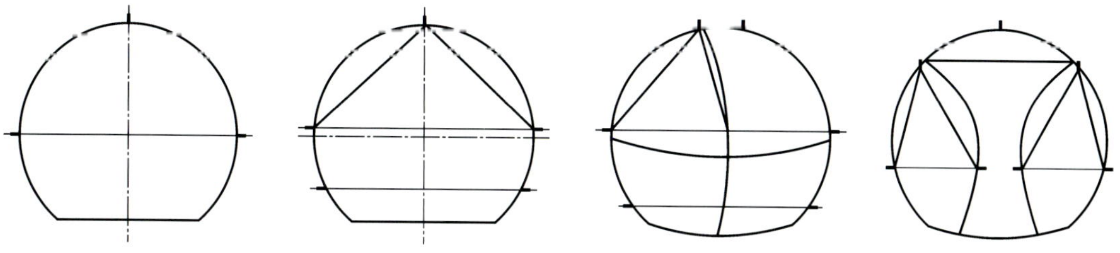

(a) 两台阶开挖 (b) 三台阶开挖 (c) CRD法开挖 (d) 双侧壁法开挖

图 3.27 隧道各类开挖工艺

那么，缩小区域开挖后，突涌烈度会不会相对出现变化呢？如图 3.28 所示，加固有效半径为 $3r$（注浆有效厚度为 $2r$），假设未治理到的 $3r$ 以外的范围的突涌形态系数 J 均为 10^{-1}，则全断面开挖的突涌源形态系数 J 和相对应的等效断面突涌烈度 G 情况见表 3.10。

如图 3.28 所示，如果加固有效半径仍然是半径为 $3r$，隧道分 4 块开挖，每块的开挖半径为 $r'=0.5r$，对于单块加固有效半径相当于 $3r'$，则分块开挖的单块等效断面突涌烈度 G' 情况见表 3.11。

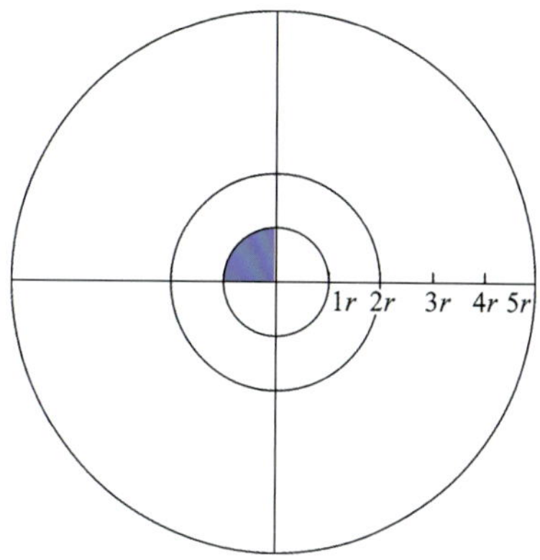

图 3.28 分部开挖(1/4)与加固有效半径

表 3.10 全断面(开挖)等效断面突涌烈度

突涌源形态系数 J	10^{-2}(工况 1)	10^{-3}(工况 2)	10^{-4}(工况 3)	0(工况 4)
突涌烈度 G/%	342	286	281	280

表 3.11 缩小区域开挖时等效断面突涌烈度

突涌源形态系数 J'	10^{-2}(工况 1-1)	10^{-3}(工况 2-1)	10^{-4}(工况 3-1)	0(工况 4-1)
突涌烈度 G'/%	128	51	43	42

对比表 3.10 和表 3.11，同样大小的加固范围，对于隧道全断面开挖，表 3.10 反映工况 1、工况 2、工况 3、工况 4 的隧道等效断面突涌烈度均不符合需求；对于隧道分块开挖，表 3.11 反映工况 2-1、工况 3-1、工况 4-1 符合需求，只有工况 1-1 不符合要求。说明缩小开挖断面的掘进工艺，能创造有利于掘进开挖的条件，这与人们总结的传统经验相符、相融合。

10. 突涌形态分析法视角下的隧道帷幕注浆加固半径的估算方法

总结以上阐述，形成了一套估算隧道注浆加固半径的技术方法：先工地现场采集数据，通过勘察与试验获得隧道前方断面各分区的水压与围岩强度，估算隧道等效断面各分区的突涌强度和隧道等效断面的突涌烈度，设定帷幕注浆加固区的治理质量目标，估算帷幕注浆治理有效半径分别达到 $1r$、$3r$、$5r$ 时，相应的隧道等效断面突涌烈度 $G1$、$G2$、$G3$，建立以 r 为横轴、以

G 为纵轴的平面坐标系，标注($1r$,$G1$)、($3r$,$G2$)、($5r$,$G3$)坐标点，拟合曲线将该三个坐标点顺滑地连接起来，最后找到该曲线上的坐标点(r_c，+64%)。此时，r_c 即为所对应的有效注浆加固半径，将 r_c 减去注浆影响半径即得到估算的帷幕注浆加固半径。

3.3.4 均质围岩隧道的注浆厚度估算

1. 隧道突涌形态分析法的估算与检验

以兰渝铁路胡麻岭隧道富水粉细砂地段为例，该隧道大部分地段孕灾地质构造属于突涌孔隙型孕灾地质构造，部分地段偶尔存在宏观溶蚀管道，总体上隧道等效断面的水文地质条件分布一般相对较均匀。水压为 0.4 MPa，天然饱和强度为 0.8～2.67 MPa，制成试件后能够达到 2.46～7.58 MPa。隧道等效断面突涌烈度到达 700%～900%。

假设对注浆加固后的质量目标为：工况 1，围岩强度达到 6.0 MPa，水压下降到 0.05 MPa；工况 2，围岩强度达到 7.0 MPa，水压下降到 0.01 MPa。那么，得到的隧道等效断面突涌烈度见表 3.12 和图 3.29。

表 3.12 注浆加固有效半径与等效断面突涌烈度

注浆加固有效半径	$1r$	$3r$	$5r$
工况 1	550%	114%	−28%
工况 2	524%	55%	−86%

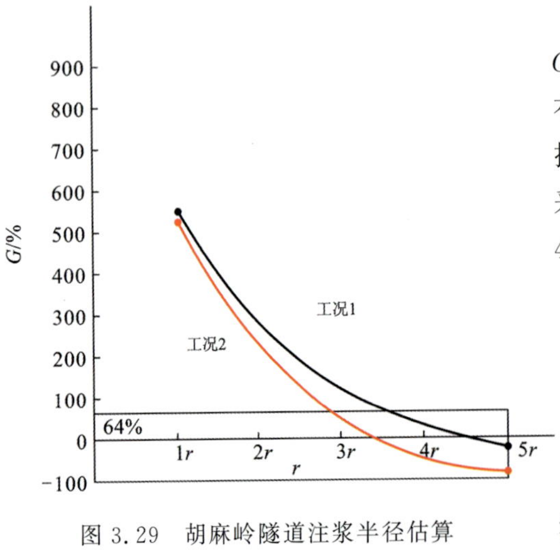

图 3.29 胡麻岭隧道注浆半径估算

从表 3.12 看，工况 2 更优，依据图 3.29，当 G=64%时，注浆加固有效半径约为 2.7r，根据有关文献，胡麻岭隧道二衬最大宽度为13.2 m，推测开挖宽度为 13.7 m，2.7r=18.50 m。若采用 CRD 法或 CD 法开挖，最大开挖半径 r' 为 4.3 m。注浆有效影响半径为 2.5 m。

(1) 全断面开挖

注浆加固实际厚度

=加固半径−隧道半径−注浆影响半径

=18.50−(13.7/2)−2.5=9.15 m

(2) CRD 法开挖

注浆加固实际厚度=2.7r'−r'−2.5=4.81 m

查阅胡麻岭有关文献，为了克服困难，胡麻岭隧道在施工期间尝试使用了许多手段或措施，注浆手段中采取了全断面帷幕注浆、水平旋喷桩、环向系统小导管并注浆等，开挖采取了三台阶开挖、CD 法、CRD 法等，其中，部分路段采用环向系统小导管并注浆配合 CRD 法开挖，小导管环向插入深度约 4 m，即实际加固厚度约为4 m(冷雅梅，2013)，与形态分析法得到的结果差异不大。

（3）分部开挖

两台阶、三台阶开挖，开挖断面面积比全断面开挖的小，而比 CRD 开挖法或 CD 法的大，则两台阶、三台阶开挖的注浆厚度按隧道突涌形态分析法的估算应在 4.81～9.15 m。

（4）缩小注浆加固半径需要注意的问题

采用 CRD 法开挖工艺后，注浆半径从原来全断面开挖要求的 9.74 m 下降至 4.81 m，节省了较大费用和工期，但隧道全断面各部位均开挖后，这样的加固半径会导致仅有初支支护的隧道全断面的突涌烈度不符合要求，因此，必须加强初支，若不加强初支，将带来净空变形量和变形速率过大的问题，如出现初支混凝土剥落、开裂等情况，甚至出现隧洞局部塌陷、塌方等“隧道关门”风险。

2. 既有经验对帷幕注浆厚度的估算与检验

既有经验对帷幕注浆厚度的估算，主要有两种方法（张民庆 等，2008），一是依据厚壁圆筒理论公式计算，二是根据注浆实践经验结合作业人员的判断决定。

仍以兰渝铁路胡麻岭隧道富水粉细砂地段为例，假设隧道开挖工艺为全断面开挖，则既有经验对帷幕注浆厚度的估算结果见表 3.13，从与实际符合的情况看，估算结果部分符合实际的情况，说明既有经验具有一定适用性，但是部分结果与实际相差较大，说明既有经验不够可靠，或者说缺乏从业经验的施工人员使用既有经验会导致较大风险。

表 3.13　既有经验对帷幕注浆厚度的估算结果

理论或经验	既有公式	胡麻岭隧道计算结果	与实际符合的情况
厚壁圆筒理论公式	$B_1=\frac{D}{2}\left(\sqrt{\frac{\sigma}{\sigma-\sqrt{3}P_z}}-1\right)$	当 $\sigma_1=0.8$，$B_{1-1}=11.85$ m 当 $\sigma_2=2.67$，$B_{1-2}=1.11$ m	与实际相比，11.85 m 属于合理范畴，而 1.11 m 则过小。说明理论公式仅适用地质水文条件均匀的情况，不适用于地质水文条件不均匀的情况
注浆经验公式	$B_1=\frac{B-D}{2}=(0.5\sim1.0)D$	$B_{1-3}=0.5D=6.85$ m $B_{1-4}=1.0D=13.7$ m	与实际相比，13.7 m 属于合理范畴，6.85 m 则稍过小。说明经验公式还主要依靠从业人员的经验与判断，对经验欠缺的从业人员将带来困难

3.3.5　非均质围岩隧道帷幕注浆加固厚度的估算

1. 隧道突涌形态分析法的估算与检验

以广西均昌隧道溃口段为例，均昌隧道某断面的突涌烈度 G 为 841%，各分区的突涌源形态系数 J 值、突涌强度 Q 值见图 3.30，水文地质条件在断面的分布不够均匀。

设定的帷幕注浆加固的质量目标是：治理后，治理区内的突涌源形态系数下降到 0.005 5，为突涌源 III 类形态数值的中值，未治理到的区域的突涌源形态系数维持原值。得到的隧道等效断面突涌烈度见表 3.14 和图 3.30。

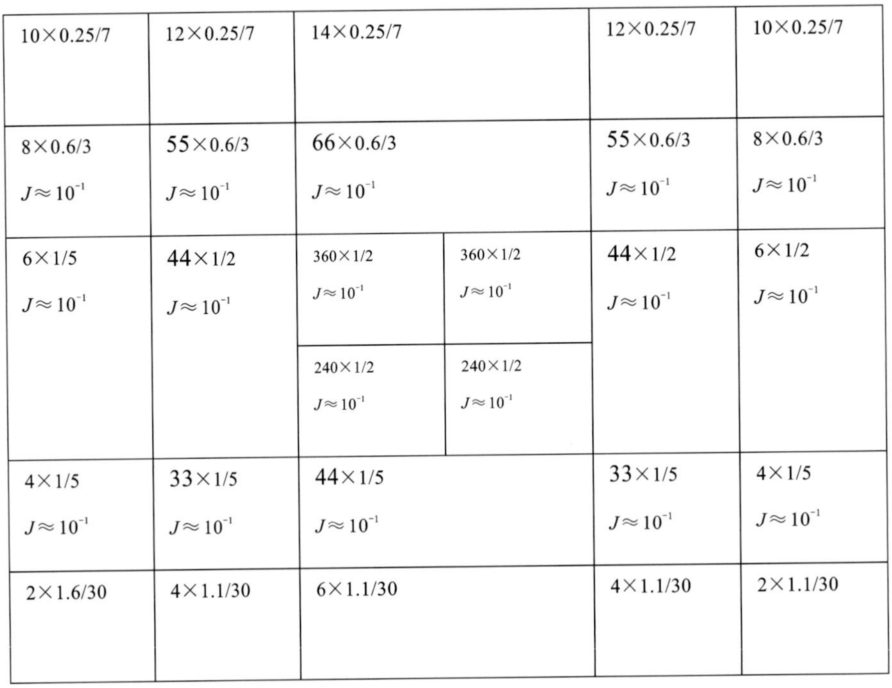

图 3.30　隧道不均匀水文地质断面

表 3.14　均昌隧道某等效断面突涌烈度

帷幕注浆有效半径	$1r$	$3r$	$5r$
工况	480%	31%	−45%

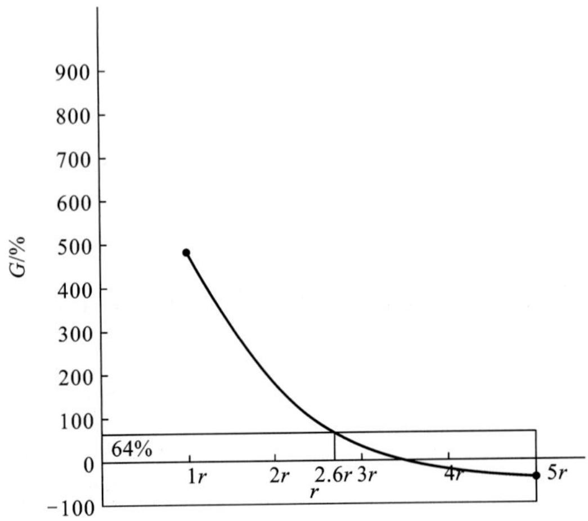

图 3.31　均昌隧道帷幕注浆半径估算

依据图 3.31，当 $G=64\%$ 时，等效加固半径约为 $2.6r$，均昌隧道开挖宽度约为 12.75 m，$r=12.75/2=6.38$ m，$2.6r=16.59$ m。注浆有效影响半径为 2.5 m。

$$
\begin{aligned}
\text{注浆加固实际厚度} &= 16.59-(14/2)-2.5 \\
&= 7.71\ \text{m}
\end{aligned}
$$

按全断面开挖计算，隧道突涌形态分析法得出的注浆加固厚度为 7.71 m，实际开挖采用三台阶留核心土七步开挖法，突涌灾害暴发的风险将略有下降。

在进口端右洞溃口段，第一次帷幕注浆实际厚度为 5 m，开挖后在原溃口处附近又暴发了涌水突泥特大灾害；第二次帷幕注浆厚度改为 8～10 m(周文 等，2017)，治理后顺利开挖，经计算隧道等效断面突涌烈度 G 值由 841%降到−5%，G 值比治理目标值 64%低，表明此帷幕注浆厚度的合理性，也验证了隧道突涌形态分析法的可靠性。

左洞溃口段，帷幕注浆实际厚度改为 8～10 m，也获得成功。

上述对均昌隧道帷幕注浆的分析结果与实际数据对比，是比较吻合的，该隧道的等效断面的水文地质条件是不均匀的，这与实际地层情况相符。

2. 既有经验对帷幕注浆厚度的估算与检验

仍以广西均昌隧道为例，假设隧道开挖工艺为全断面开挖，则既有经验对帷幕注浆厚度的估算结果见表 3.15。从公式使用情况看，厚壁圆筒理论公式有时能够适用于实际水文地质情况，有时则不适用于实际水文地质情况，说明该公式对于非均质围岩适用性较差。

从与实际符合的情况看，估算结果部分符合实际的情况，说明既有经验具有一定适用性，但是部分结果与实际相差较大，说明既有经验可靠度较低。

表 3.15　既有经验对广西均昌帷幕注浆厚度的估算结果

理论或经验	既有公式	均昌隧道计算结果	与实际符合的情况
厚壁圆筒理论公式	$B_1=\frac{D}{2}\left(\sqrt{\frac{\sigma}{\sigma-\sqrt{3}P_z}}-1\right)$	当 $\sigma=2.0$，$P_z=1.2$(公式不适用) 当 $\sigma=2.5$，$P_z=1.0$，$B_1=5.13$ m	与实际情况相比，5.13 m 过小
注浆经验公式	$B_1=\frac{B-D}{2}=(0.5\sim1.0)D$	$B_{1-3}=0.5D=6.38$ m $B_{1-4}=1.0D=12.75$ m	与实际情况相比，12.75 m 过大，6.38 m则稍过小

本节开展了隧道帷幕注浆加固半径估算的研究，以典型突涌隧道案例予以了检验，对比既有经验，表明隧道突涌形态分析法的估算结果与实际的符合更好，不但适用于较均质的地质水文情况，也适用于不均质的水文地质情况，说明突涌灾害形态分析法视角下的隧道帷幕注浆加固半径的估算方法面对复杂的水文地质情况、施工扰动因素具有较好的适用性，科学、合理、可靠。

3.4　临近腔洞时隧道拱顶顶板临界厚度的估算方法与检验

若隧道某处的顶部存在腔洞，伴随隧道开挖，掌子面逐步临近，腔洞将渐渐侵入隧道等效断面内，进而导致隧道围岩顶板变薄，当隧洞围岩顶板厚度下降到某临界值时，继续开挖将会诱发突涌灾害。

第 1 章介绍了煤矿系统采用突水系数经验公式来估算安全厚度，其他系统也参考了该经验，但该方法存在三个主要缺陷：一是，忽略隧道掌子面所在区域的水文地质分布情况，没有涉及掌子面目前的区域属性，这是十分危险的；二是，没有考虑前方未掘进地段的水文地质条件分布特征；三是，未考虑掌子面作业扰动影响因素。所以，最终计算结果不够准确可靠。为此，有必要提出一种估算突涌隐患隧道临界顶板厚度的方法，以确保施工安全。下面以岭脚隧道为例，介绍临界顶板厚度的估算方法与步骤。

估算突涌隐患隧道临界顶板厚度的方法。首先，工地现场采集数据，通过勘察与试验获得隧道前方断面各分区的水压与围岩强度，估算当前路段和前方路段代表断面的突涌相关技术指标；然后，假设腔洞侵至当前路段代表等效断面的 5r 边缘时，计算等效断面的突涌烈度 G_3，假设腔洞侵至当前路段代表等效断面的 3r 边缘时，计算等效断面的突涌烈度 G_2，假设腔洞侵至当前路段代表等效断面的 $1r$ 边缘时，计算等效断面的突涌烈度 G_1；最后，建立以 r 为横轴、G 为纵轴的平面坐标系，并标注 $(1r,G_1)$、$(3r,G_2)$、$(5r,G_3)$ 三个坐标点，拟合曲线将该三个坐标点顺滑地连接起来，找到该曲线上的坐标点 $(r_c,64\%)$，该坐标点所对应的 r_c 即为突涌灾害暴发临界半径，用临界半径减去隧道半径，即估算得到临界顶板厚度。具体步骤如下。

步骤 1，工地现场采集数据。

采集前方腔洞地段代表隧道等效断面 1 的水压与围岩强度数据，采集掌子面到腔洞边缘之间的当前地段代表隧道等效断面 2 的水压与围岩强度数据。

(1) 采用常规勘探手段，钻探、坑探、无损探测及超前预报一个以上的组合，获取围岩强度数据，通过抗压试验、触探试验、承载力试验、波速测试获得或转换得到围岩强度。

(2) 通过钻孔引排水并测量水压、孔隙水压测量仪器测量水压、灌水(或灌浆)压力致裂法测量水压、测量水位差转换为水压的方法获得水压数据。

步骤 2，计算当前地段隧道等效断面、前方地段隧道等效断面的突涌相关指标。

1) 突涌相关技术指标

隧道等效断面各分区的突涌形态系数计算公式：

$$J_i=\varepsilon\times P_{水}/R_{围}\text{，此时 }\varepsilon\text{ 取值为 }1.0 \tag{3-10}$$

隧道等效断面各分区的突涌强度计算公式：

$$Q_i= J_i\times N_i\times\xi \tag{3-11}$$

ξ 为等效断面各分区的边界影响系数(包括横向与纵向)，在等效断面边界以外，以及在隧道上部，地层若为突涌腔洞型孕灾地质构造环境，则对等效断面突涌烈度会带来乘数效应。

当分区的边界为充水充泥腔洞时，分区若位于拱顶上部 ξ 取 1.2，若位于与隧道同一高程处 ξ 取 1.10，若位于隧道之下 ξ 取 1.05。

当分区的边界为充水腔洞时，分区若位于拱顶上部 ξ 取 1.10，若位于与隧道同一高程处 ξ 取 1.05，若位于隧道之下 ξ 取 1.03。

当分区的边界为干腔洞，分区若位于拱顶上部 ξ 取 1.05，若位于与隧道同一高程处 ξ 取 1.03，若位于隧道之下 ξ 取 1.0。

当分区的边界为非腔洞时，ξ 取 1.0。

等效断面的突涌强度计算公式：

$$Q_{总}=\sum Q_i=\sum(J_i\times N_i\times\xi) \tag{3-12}$$

等效断面的突涌烈度计算公式：

$$G=(Q_{总}-Q_{基准})/Q_{基准}=(Q_{总}-7.86)/7.86 \tag{3-13}$$

2) 岭脚隧道基本情况

岭脚隧道是广西某公路内的一座隧道，隧道拱顶上部存在巨型腔洞，隧道掘进距离腔洞越近，拱顶的顶板则越薄，当减薄到一定程度时，施工将诱发突涌灾害，如图 3.32 所示。

该隧道腔洞壳的围岩强度为 4.5 MPa，腔洞核心区水压为 0.5 MPa。A-A 断面与 B-B 断面之间的隧道段，开挖轮廓线内没发现存在地下水，围岩裂隙稀疏，为微风化至中风化白云质混合岩，抗压强度约为 40 MPa。隧道开挖宽度为 11.45 m，掌子面开挖瞬时松动圈约 1.09 m(参考表 3.1 中的 IV-1)，即“开挖顶板破坏厚度”约为 1.09 m。

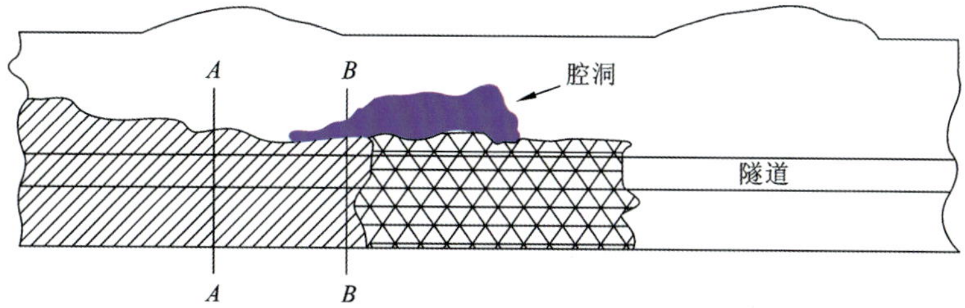

图 3.32　岭脚隧道突涌位置及地质情况

3）前方路段代表隧道等效断面 1 的情况

使用勘探及试验获得的水压与围岩强度数据计算隧道等效断面 1（靠近 *B-B* 的隧道断面）的各分区的突涌源系数 *J* 值、突涌强度 *Q* 值，因为分区的边界为充水充泥腔洞时，分区位于拱顶上部边界影响系数 ξ 取 1.2，位于与隧道同一高程处 ξ 取 1.05，若位于隧道之下 ξ 取 1.03，如图 3.33 所示。

<table>
<tr><td>10×0.5/4.5
×1.2</td><td>12×0.5/4.5
×1.2</td><td colspan="2">14×0.5/4.5×1.2</td><td>12×0.5/4.5
×1.2</td><td>10×0.5/4.5
×1.2</td></tr>
<tr><td>8×0.5/4.5
×1.2</td><td>55×0.5/4.5
×1.2</td><td colspan="2">66×0.5/4.5×1.2</td><td>55×0.5/4.5
×1.2</td><td>8×0.5/4.5
×1.2</td></tr>
<tr><td rowspan="2">6×0.5/4.5
×1.05</td><td rowspan="2">44×0.5/4.5
×1.05</td><td>360×0.5/4.5
×1.05</td><td>360×0.5/4.5
×1.05</td><td rowspan="2">44×0.5/4.5
×1.05</td><td rowspan="2">6×0.5/4.5
×1.05</td></tr>
<tr><td>240×0.5/4.5
×1.05</td><td>240×0.5/4.5
×1.05</td></tr>
<tr><td>4×0.0/40
×1.03</td><td>33×0.0/40
×1.03</td><td colspan="2">44×0.0/40×1.03</td><td>33×0.0/40
×1.03</td><td>4×0.0/40
×1.03</td></tr>
<tr><td>2×0.0/40
×1.03</td><td>4×0.0/40
×1.03</td><td colspan="2">6×0.0/40
×1.03</td><td>4×0.0/40
×1.03</td><td>2×0.0/40
×1.03</td></tr>
</table>

图 3.33　等效断面 1 各分区的 *J* 值、*Q* 值

4）当前路段代表等效断面 2 的情况

使用勘探及试验获得的水压与围岩强度数据计算隧道等效断面 2（靠近 *A-A* 右侧的隧道断面）的各分区的突涌源系数 *J* 值、突涌强度 *Q* 值，如图 3.34 所示。靠近 *A-A* 的隧道断面拱顶上没有腔洞，所以隧道等效断面不需要乘以边界系数 ξ。

步骤 3，假设腔洞侵至等效断面 2 的 $5r$ 边缘时，依据隧道等效断面突涌烈度公式，计算隧道等效断面的突涌烈度 G_3，此时 $G_3=-100\%$，如图 3.35 所示。

<table>
<tr><td>10×0.0/40</td><td>12×0.0/40</td><td colspan="2">14×0.0/40</td><td>12×0.0/40</td><td>10×0.0/40</td></tr>
<tr><td>8×0.0/40</td><td>55×0.0/40</td><td colspan="2">66×0.0/40</td><td>55×0.0/40</td><td>8×0.0/40</td></tr>
<tr><td rowspan="2">6×0.0/40</td><td rowspan="2">44×0.0/40</td><td>360×0.0/40</td><td>360×0.0/40</td><td rowspan="2">44×0.0/40</td><td rowspan="2">6×0.0/40</td></tr>
<tr><td>240×0.0/40</td><td>240×0.0/40</td></tr>
<tr><td>4×0.0/40</td><td>33×0.0/40</td><td colspan="2">44×0.0/40</td><td>33×0.0/40</td><td>4×0.0/40</td></tr>
<tr><td>2×0.0/40</td><td>4×0.0/40</td><td colspan="2">6×0.0/40</td><td>4×0.0/40</td><td>2×0.0/40</td></tr>
</table>

图 3.34　等效断面 2 各分区的 J 值、Q 值

<table>
<tr><td>10×0.0/40</td><td>12×0.0/40</td><td colspan="2">14×0.0/40</td><td>12×0.0/40</td><td>10×0.0/40</td></tr>
<tr><td>8×0.0/40</td><td>55×0.0/40</td><td colspan="2">66×0.0/40</td><td>55×0.0/40</td><td>8×0.0/40</td></tr>
<tr><td rowspan="2">6×0.0/40</td><td rowspan="2">44×0.0/40</td><td>360×0.0/40</td><td>360×0.0/40</td><td rowspan="2">44×0.0/40</td><td rowspan="2">6×0.0/40</td></tr>
<tr><td>240×0.0/40</td><td>240×0.0/40</td></tr>
<tr><td>4×0.0/40</td><td>33×0.0/40</td><td colspan="2">44×0.0/40</td><td>33×0.0/40</td><td>4×0.0/40</td></tr>
<tr><td>2×0.0/40</td><td>4×0.0/40</td><td colspan="2">6×0.0/40</td><td>4×0.0/40</td><td>2×0.0/40</td></tr>
</table>

图 3.35　腔洞仅侵入至等效断面 2 边缘时的情况

步骤 4，假设腔洞侵至当前路段等效断面 2 的 $3r$ 边缘时，依据隧道等效断面突涌烈度公式，计算隧道等效断面的突涌烈度 G_2，$G_2=(58\times10^{-1}\times1.2-7.86)/7.86=-11\%$，如图 3.36所示。

<table>
<tr><td>10×0.5/4.5
×1.2</td><td>12×0.5/4.5
×1.2</td><td colspan="2">14×0.5/4.5
×1.2</td><td>12×0.5/4.5
×1.2</td><td>10×0.5/4.5
×1.2</td></tr>
<tr><td>8×0.0/40</td><td>55×0.0/40</td><td colspan="2">66×0.0/40</td><td>55×0.0/40</td><td>8×0.0/40</td></tr>
<tr><td rowspan="2">6×0.0/40</td><td rowspan="2">44×0.0/40</td><td>360×
0.0/40</td><td>360×
0.0/40</td><td rowspan="2">44×0.0/40</td><td rowspan="2">6×0.0/40</td></tr>
<tr><td>240×
0.0/40</td><td>240×
0.0/40</td></tr>
<tr><td>4×0.0/40</td><td>33×0.0/40</td><td colspan="2">44×0.0/40</td><td>33×0.0/40</td><td>4×0.0/40</td></tr>
<tr><td>2×0.0/40</td><td>4×0.0/40</td><td colspan="2">6×0.0/40</td><td>4×0.0/40</td><td>2×0.0/40</td></tr>
</table>

图 3.36　腔洞侵入至等效断面 2 顶部第一层时的情况

步骤 5，假设腔洞侵至当前路段等效断面 2 的 $1r$ 边缘时，依据隧道等效断面突涌烈度公式，计算等效断面的突涌烈度 G_1，$G_1=[(58+192)\times10^{-1}\times1.2-7.86]/7.86=282\%$，如图 3.37所示。

步骤 6，估算等效断面 2 突涌烈度为 64%时断面上半部分的剩余半径。

（1）建立以 r 为横轴、G 为纵轴的平面坐标系，并标注上（$1r$，282%）、（$3r$，−11%）、（$5r$，−100%）对应的坐标点，拟合曲线将该三个坐标点顺滑地连接起来，如图 3.38 所示。

（2）寻找临界半径。在该曲线上，以 64%为纵坐标，找到坐标点（r_c，64%），r_c就是腔洞侵入隧道等效断面 2 后，隧道上半部分范围的剩余半径，也称临界半径。

（3）当 $G=64\%$时，$r_c=2.40r$。岭脚隧道开挖宽度为 11.45 m，$r=11.45/2=5.73$ m，$r_c=2.40\times5.73=13.75$ m。

步骤 7，计算临界顶板厚度。

$$\text{临界顶板厚度}=\text{临界半径}-\text{隧道半径}=r_c-r=13.75-5.73=8.02\text{ m}$$

传统方法的估算结果如下。

（1）《矿区水文地质工程地质勘探规范》（GB 12919—1991）的估算

$$T_s=P/(M-C_p)$$

隧道掌子面裂隙稀疏，说明岩板未被破坏，所以，突涌系数取 0.15 MPa/m。

$$0.15=0.5/(M-1.09)$$

<table>
<tr><td>10×0.5/4.5
×1.2</td><td>12×0.5/4.5
×1.2</td><td colspan="2">14×0.5/4.5
×1.2</td><td>12×0.5/4.5
×1.2</td><td>10×0.5/4.5
×1.2</td></tr>
<tr><td>8×0.5/4.5
×1.2</td><td>55×0.5/4.5
×1.2</td><td colspan="2">66×0.5/4.5
×1.2</td><td>55×0.5/4.5
×1.2</td><td>8×0.5/4.5
×1.2</td></tr>
<tr><td rowspan="2">6×0.0/40</td><td rowspan="2">44×0.0/40</td><td>360×
0.0/40</td><td>360×
0.0/40</td><td rowspan="2">44×0.0/40</td><td rowspan="2">6×0.0/40</td></tr>
<tr><td>240×
0.0/40</td><td>240×
0.0/40</td></tr>
<tr><td>4×0.0/40</td><td>33×0.0/40</td><td colspan="2">44×0.0/40</td><td>33×0.0/40</td><td>4×0.0/40</td></tr>
<tr><td>2×0.0/40</td><td>4×0.0/40</td><td colspan="2">6×0.0/40</td><td>4×0.0/40</td><td>2×0.0/40</td></tr>
</table>

图 3.37　腔洞侵入至等效断面 2 顶部第一层及第二层时的情况

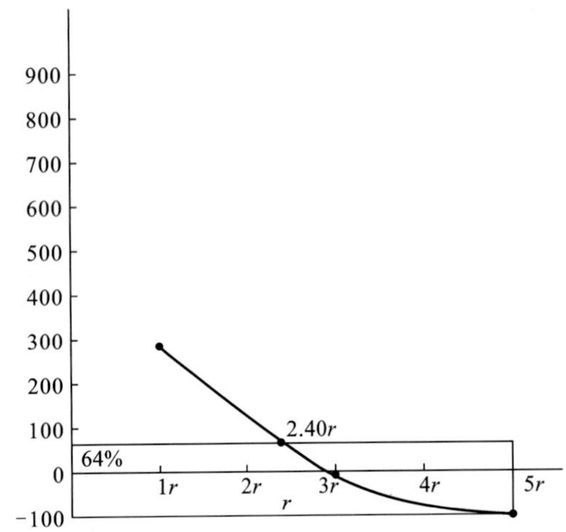

图 3.38　岭脚隧道顶板厚度估算

$M=4.42$ m，即隔水层厚度为 4.42 m。

(2) 国家安全生产监督管理总局 2009 年颁布《煤矿防治水规定》的估算

$$T_s=P/M$$

隧道掌子面裂隙稀疏，说明岩板未被破坏，所以，突涌系数取 0.10 MPa/m。

$$0.10=0.5/M$$

$$M=5\ \text{m}$$

(3) 在后续的探测与治理中，发现溃口处顶板厚度实际约为 6 m，即顶板厚度为 6 m 时就暴发了突涌特大灾害。

(4) 隧道突涌形态分析法与传统方法的比较。从上述估算结果和实际情况看，隧道突涌形态分析法估算顶板临界厚度为 8.02 m，实际岩石厚度小于该厚度仍继续开挖，将诱发突涌灾害，这与实际相符。两种传统方法估算得到的安全板厚相近，比隧道突涌形态分析法的估算结果小许多，而且这两种传统方法得到的板厚是“安全板厚”，与隧道突涌形态分析法估算的“临界板厚”的概念是存在较大差异的，实际情况是板厚为 6 m 时就暴发了突涌灾害，说明这两种传统方法的结论均存在风险，安全系数不足。

综上所述，本书关于临近腔洞时隧道拱顶顶板临界厚度的估算方法是科学合理、符合实际情况的技术方法。

3.5　隧道引排水效果的估算方法

引排水措施是隧道灾害防治最有效的途径之一，当引排水措施的效果还不足以确保遏制突涌灾害，或者引排水措施会导致地表塌陷、开裂等次生灾害而引起较大社会矛盾与纠纷时，注浆加固围岩则是灾害防治的另一有效途径，“堵排结合”是根据实际情况对这两条途径进行综合应用。又因为两者的目标是一致的，因此，彼此之间还可以相互借鉴。

隧道引排水，使地层环境改变，从而改变隧道等效断面的突涌烈度，其技术路径、主要步骤与估算注浆加固半径的方法是基本类同的，为节省篇幅，本书不再赘述隧道等效断面突涌烈度变化的计算步骤，仅介绍隧道引排水效果的估算方法的关键要点。

3.5.1　引排水的适用方式

引排水的方式适用性与土体颗粒粒径或岩石裂隙尺度相关，尺度较大的选择重力式排水，尺度小的选择电气浸透排水，居于两者之间的，宜采用真空排水；一些特殊的地层，宜采用组合的措施，或者辅助手段。例如，对于一些砂土地层实施重力式引排水，要么难以排出水，要么水体夹带大量泥沙排出，这时，对水体夹带大量泥沙的区域，宜采取过滤的辅助手段让水体有效流出，泥沙则被有效拦阻。

3.5.2　引排水效果的覆盖范围

1. 隧道断面范围

引排水的目的是使隧道环境发生变化，尤其是使隧道等效断面突涌烈度下降，因此，引排水效果的覆盖范围宜覆盖整个隧道等效断面，或至少覆盖第一层圈、第二层圈的范围。

(1) 重力式排水

第一，地下水的补给方向是关键。应根据补给方式的不同，采取高位排水、中位排水、低位排水的方案，对于高压水或特高压水，还宜采用高位、中位、低位的方案组合。

第二，引排水的有效影响半径也十分重要。若引排水的有效影响半径小于整个隧道等效断面，或小于第一层圈、第二层圈的范围，应增设引排点，以达到满足覆盖面的要求。

对于 2 车道公路隧道，当引排水有效半径小于 25 m 时，不适合采用迂回导洞排水的方案，若拟用迂回导洞引排水，要使正洞的水环境出现有效变化，则围岩天然的排水影响半径必须大于 25 m。

第三，重力式引排水的目的是改善目标范围的水环境，因此，引排水点一般设置于隧道等效断面之外。

(2) 电气渗透与真空排水

土体颗粒粒径或岩石裂隙尺度小、且渗透系数低的围岩，宜采用电气渗透与真空排水。

第一，与重力式排水相反，电气渗透与真空排水的引排点应设置于隧道等效断面以内。

第二，引排的有效半径宜充满整个隧道等效断面，或至少覆盖第一层圈、第二层圈的范围。

2. 区段范围

在纵向区域上，与注浆加固的道理一样，引排水的范围应覆盖本循环的加固有效范围，从纵向长度的角度而言，应包含计划开挖长度和预留长度，也就是说要提前引排水，通过引排水为注浆提高条件，同时，注浆加固后，还应引排水，以避免注浆加固效果失效速度大于开挖掘进速度。

从安全的角度考虑，应提前或超前引排水，以避免突发安全事故。提前或超前引排水的最低要求，可参考国家安全生产监督管理总局2009年颁布的《煤矿防治水规定》的钻孔超前探水的相关经验，见表3.16。

表3.16 岩层中探水钻孔钻距与止水套管长度

水压/MPa	超前钻孔钻距/m	止水套管长度/m
<1.0	>10	>5
1.0～2.0	>15	>10
2.0～3.0	>20	>15
>3.0	>25	>20

3.5.3 排水失效

引排水的风险是引排水的效果存在失效可能，失效将导致突涌灾害的暴发。

1. 重力式排水

排水管(通道)的堵塞、地下水自然通道的改变、地下水补给的突然加大等原因，将导致重力式排水的失效或部分失效，尤其是高压或特高压水体排水的失效或部分失效，将会导致突涌灾害在较短时间内暴发。

因此，采取泄水释能的方案引排高压水，尤其需要设置排水失效预案。

2. 电气渗透与真空排水

由于停电或隧道开挖使排水系统受损，电气渗透或真空排水也将会失效，该失效有一个渐进的过程，不会像重力式排水那样立即出现灾害反应，但是也存在安全隐患。

电气渗透与真空排水，只是把隧道等效断面中的设定范围内的水排走，但因没有改善围岩的渗透性能，排水中断后，外面的水就会渗透进来，从而突涌隐患逐步恢复。

类似于帷幕注浆、冻结法的失效，因电气渗透与真空排水的失效而导致突涌隐患恢复，主要原因是开挖时间过长而使失效的效应放大。例如，对于亚砂土、黄土、泥灰岩、砂岩等，处于半透水～弱透水的级别，其渗透系数为0.01～1.0 m/d，若渗透系数取高值，治理失效速率就较快；某公路2车道隧道的引排水半径为10 m，则在等到某一循环隧道开挖的第10天时，失效厚度最大将达到10 m，隧道等效断面突涌烈度将会恢复到原状，实践证明，由于排水效果失效，帷幕注浆效果失效速率过快，而开挖速率过于缓慢，往往在某一循环开挖工序的中期或后期就极可能暴发突涌灾害。

3.5.4 动态引排水

引排水过程和隧道开挖过程，均会导致水环境的变化，因此，要保持引排水的效果，必须动态引排水。

（1）适应水文地质变化，而采取合适的排水方式。

（2）适应施工的需要，覆盖合适的断面及区域长度。

（3）要预防和警惕引排水失效，要有针对性的应对办法。

3.5.5　引排水效果的检查与观测

（1）系统引排水的效果检查

与帷幕注浆的质量检查一样，需要进行必要的钻探、坑探和无损检测，检查系统引排水后的实际效果。

（2）开挖过程的效果监测

地下水在围岩中的变化是宏观的，在开挖过程仔细检查围岩与水环境情况的变化，可以用于预测其发展趋势，为引排水和开挖工序提供预警信息。

3.6　浅埋隧道的等效断面及分区的简化处理

以上的分析是居于深埋隧道而言，那么，浅埋隧道怎么办？穿越淤泥、软土地带的浅埋隧道，或者浅埋隧道围岩顶部地表存在湖泊、河流、山沟等地表水，隧道发生突涌灾害的可能性较高，亟须进行突涌分析。

浅埋隧道与深埋隧道因为埋深不同，浅埋隧道的埋深不够厚，所以不能像深埋隧道那样按无限半空间的圆筒结构进行力学处理。浅埋隧道的塑性区域包含在顶部和侧面岩土体的破裂面里面，其破裂面的形成、扩展形状与深埋隧道有明显差别。隧道地表沉降量测数据表明，塑性区的变形发展速率与趋势跟深埋隧道较为相似，那么，浅埋隧道的隧道等效断面及分区，能否参考深埋隧道的有关做法，作简化处理？

3.6.1　浅埋隧道与深埋隧道的分界

业界一般以隧道坍方平均高度经验值 H_p 作为浅埋隧道与深埋隧道的分界值。H_p 取值按如下经验公式估算（王毅才，2006）。

$$\begin{aligned} &H_p=(2.0\sim2.5)h_q \\ &h_q=0.45\times2^{(6-S)}\times\omega=0.45\times2^{(6-S)}\times[1+i\times(B-5)] \end{aligned} \tag{3-14}$$

式中：H_p 为浅埋隧道与深埋隧道的分界埋深；h_q 为坍方平均高度经验值；S 为围岩级别对应的数值，如 VI 级围岩取值为 1，I 级围岩取值为 6，II 级围岩取值为 5；ω 为影响宽度系数，且 $\omega=[1+i\times(B-5)]$；B 为坑道宽度，或称隧道开挖宽度；i 为以 B 等于 5 m 为基准，B 每增减 1 m 时的围岩压力增减率，当 $B<5$ m 时，取 $i=0.2$，当 $B>5$ m 时，$i=0.1$。

当实际埋深 $H\geqslant H_p$ 时，隧道为深埋隧道；当实际埋深 $H<H_p$ 时，隧道为浅埋隧道。

3.6.2 浅埋隧道的三种可能断面

当浅埋隧道的实际埋深 $H<H_p$时，可能存在如下断面：一是，其断面范围仍如深埋隧道那样，存在 25 个分区，如图 3.39 所示；二是，其断面与深埋隧道相对比，最上面的那一排分区没有了，只剩下 20 个分区，如图 3.40 所示；三是，其断面与深埋隧道相比较，最上面的那两排分区没有了，只剩下 15 个分区，如图 3.41 所示。

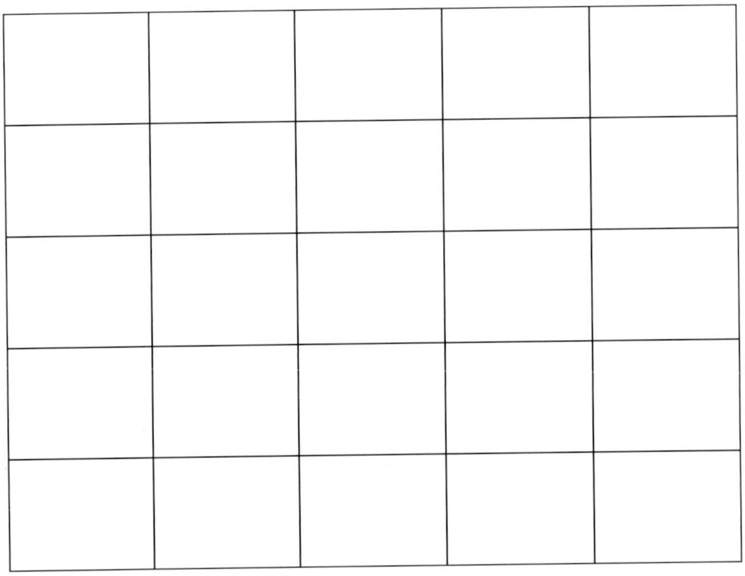

图 3.39　仍保有 25 个分区的隧道断面

图 3.40　只有 20 个分区的浅埋隧道断面

注：有底纹的分区，表示不存在了

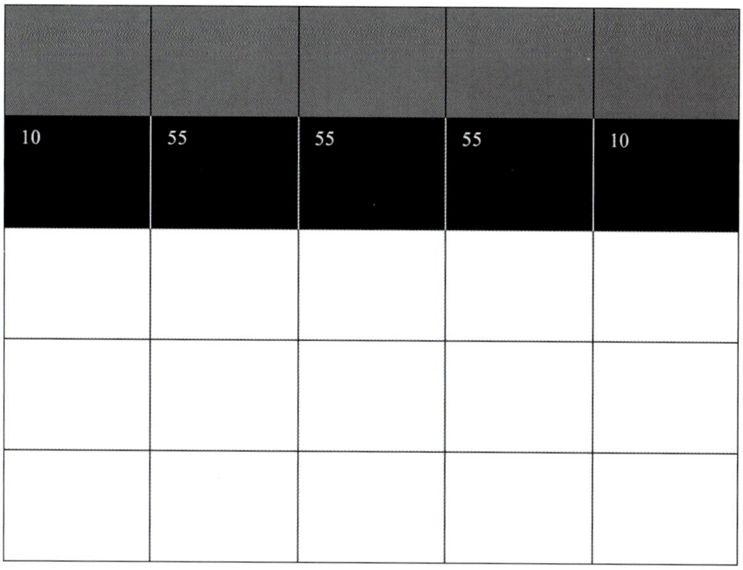

图 3.41　只有 15 个分区的浅埋隧道断面

注：有底纹的分区，表示不存在了

从图 3.39～图 3.41 的断面竖直方向看，形象地来说，原先为深埋隧道，从地表往下经一层一层地挖除岩土体，深埋隧道逐渐变为浅埋隧道、超浅埋隧道乃至明洞隧道；反而言之，明洞隧道顶部及周边经层层填土后，也能逐渐演变为超浅埋隧道、浅埋隧道、深埋隧道。

因此，浅埋隧道与深埋隧道是存在一定关联的，依据这一关联性作简化处理。假定浅埋隧道岩体破裂区内的变形速率量级数值参照深埋隧道塑性大变形区的数值为 300，远离破裂区的分区的变形速率量级数值为 10，塑性小变形区的变形速率量级数值为 55。

1. 第 1 种断面分区及排序

(1) 虽然实际埋深 $H<H_p$，但断面与深埋隧道那样有 25 个分区。此时，参照深埋隧道分区及排序，如图 3.42 所示。

(2) 基准等效断面突涌强度 $Q_{基准}$、实际断面突涌强度 $Q_{实际}$、实际断面突涌灾害突涌烈度 G 仍参照深埋隧道的做法处理。

2. 第 2 种断面的分区与排序

如图 3.40 所示，实际埋深 $H<H_p$，隧道断面最上一排分区（有底纹部分）已没有了，断面只有 20 个分区。

(1) 塑性区见图 3.43。

(2) 塑性大变形区，取值为 300；塑性小变形区，取值 55；弹塑性区，取值 10；见图 3.44。

(3) 其他关于 Q 与 G 的计算，参考深埋隧道的做法办理。

塑性过大变形区重要性所占比为 83%，塑性小变形区重要性所占比为 13%，弹塑性区重要性所占比为 4%。

3. 第 3 种断面

如图 3.41 所示，实际埋深 $H<H_p$，隧道断面最上两排分区（有底纹部分）已没有了，断面

<table>
<tr><td>10</td><td>12</td><td colspan="2">14</td><td>12</td><td>10</td></tr>
<tr><td>8</td><td>55</td><td colspan="2">66</td><td>55</td><td>8</td></tr>
<tr><td rowspan="2">6</td><td rowspan="2">44</td><td>360</td><td>360</td><td rowspan="2">44</td><td rowspan="2">6</td></tr>
<tr><td>240</td><td>240</td></tr>
<tr><td>4</td><td>33</td><td colspan="2">44</td><td>33</td><td>4</td></tr>
<tr><td>2</td><td>4</td><td colspan="2">6</td><td>4</td><td>2</td></tr>
</table>

图 3.42 第 1 种浅埋隧道断面的塑性排序图

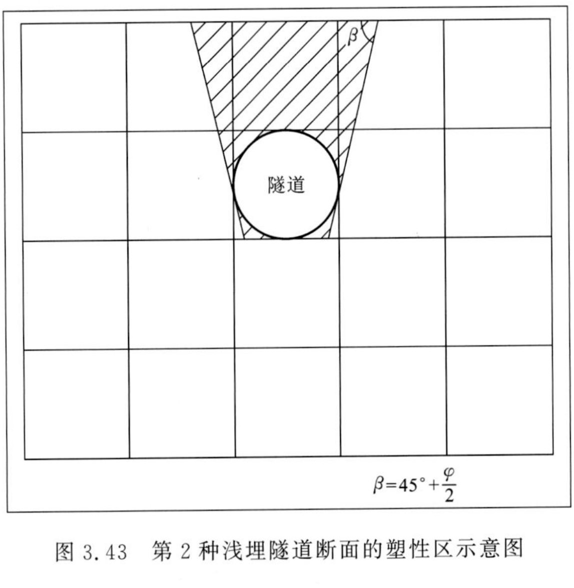

图 3.43 第 2 种浅埋隧道断面的塑性区示意图

只有 15 个分区。

(1) 塑性区见图 3.45。

(2) 塑性大变形区，取值为 300；塑性小变形区，取值为 55；弹塑性区，取值 10；见图 3.46。

(3) 其他关于 Q 与 G 的计算，参考深埋隧道的做法办理。

塑性过大变形区重要性所占比为 72%，塑性小变形区重要性所占比为 22%，弹塑性区重要性所占比为 6%。

50	300	300	300	55
10	300	300	300	10
10	55	55	55	10
10	10	10	10	10

图 3.44　第 2 种浅埋隧道断面的塑性量级排序

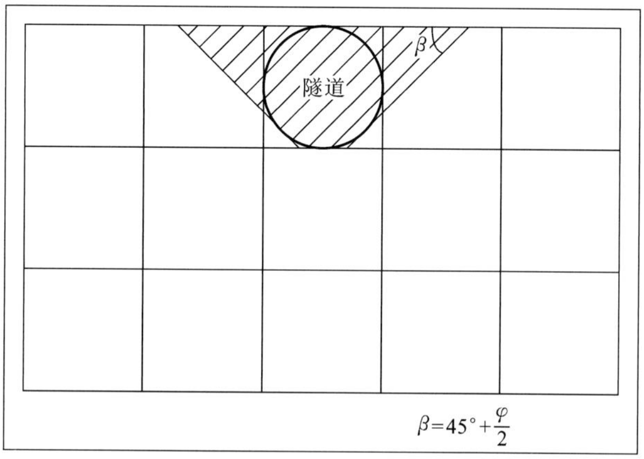

图 3.45　第 3 种浅埋隧道的塑性区示意图

55	300	300	300	55
10	55	55	55	10
10	10	10	10	10

图 3.46　第 3 种浅埋隧道的塑性量级排序图

3.6.3 简化处理后效果复核

上述将浅埋隧道等效断面及分区作简化处理的做法是否妥当？这需要以实践经验效果作比较才能得出结论，显然如果同样布设于同一区域的不同高程，浅埋隧道由于“自然拱”没有形成，而深埋隧道却能形成了“自然拱”，没有形成“自然拱”则隧道自稳困难，如果存在突涌隐患源，经验与理论上，浅埋隧道的等效断面突涌烈度将大于深埋隧道。下面举例说明与检验。

某城市隧道，穿越湖底，湖泊雨期平均水深约 2 m，枯水期水深约 0.5 m，隧道形状为圆形，开挖半径为 7.5 m，隧道裸洞顶围岩覆盖层厚度为 13 m，围岩为粉质黏土，含水量为 28%～40%，围岩强度为 0.1～0.25 MPa（杨磊 等，2013），水压力和换算得到的围岩抗压强度如图 3.47所示。

55×0.06/0.1	300×0.06/0.1	300×0.06/0.1	300×0.06/0.1	55×0.06/0.1
10×0.09/0.15	300×0.09/0.15	300×0.09/0.15 隧道位置	300×0.09/0.15	10×0.09/0.15
10×0.20/0.25	55×0.20/0.25	55×0.20/0.25	55×0.20/0.25	10×0.20/0.25
10×0.25/0.30	10×0.25/0.30	10×0.25/0.30	10×0.25/0.30	10×0.25/0.30

图 3.47　某一浅埋隧道

浅埋隧道和深埋隧道的突涌烈度

(1) 浅埋隧道

如图 3.47 所示，基准隧道等效断面强度为 21.65，则该浅埋隧道断面的突涌烈度为 900%，为隧道最高突涌烈度。

(2) 地表覆土将浅埋隧道变深埋隧道

如图 3.48 所示，在前面隧道顶地表上填土，直至将浅埋隧道变为深埋隧道为止，这时，基准隧道等效断面强度为 7.86，该深埋隧道断面的突涌烈度为 830%。

(3) 下移浅埋隧道位置变为深埋隧道

假设将浅埋隧道的位置往下移动，直至变为深埋隧道为止，如图 3.49 所示，隧道位置下移了，但突涌源形态系数没有较大改善，这时，基准隧道等效断面强度为 7.86，隧道等效断面突涌烈度为 900%，等效断面烈度未能有改善。

假设下移时突涌源形态系数有一定的改善，如图 3.50 所示，这时，突涌烈度为 890%，烈度稍有下降，但下降有限。

<table>
<tr><td>10×0.01/2</td><td>12×0.01/2</td><td colspan="2">14×0.01/2</td><td>12×0.01/2</td><td>10×0.01/2</td></tr>
<tr><td>8×0.06/0.1</td><td>55×0.06/0.1</td><td colspan="2">66×0.06/0.1</td><td>55×0.06/0.1</td><td>8×0.06/0.1</td></tr>
<tr><td rowspan="2">6×0.09/0.15</td><td rowspan="2">44×0.09/0.15</td><td>360×0.09/0.15</td><td>360×0.09/0.15</td><td rowspan="2">44×0.09/0.15</td><td rowspan="2">6×0.09/0.15</td></tr>
<tr><td>240×0.09/0.15</td><td>240×0.09/0.15</td></tr>
<tr><td>4×0.20/0.25</td><td>33×0.20/0.25</td><td colspan="2">44×0.20/0.25</td><td>33×0.20/0.25</td><td>4×0.20/0.25</td></tr>
<tr><td>2×0.25/0.30</td><td>4×0.25/0.30</td><td colspan="2">6×0.25/0.30</td><td>4×0.25/0.30</td><td>2×0.25/0.30</td></tr>
</table>

图 3.48　覆盖填土浅埋隧道变深埋隧道

<table>
<tr><td>10×0.06/0.1</td><td>12×0.06/0.1</td><td colspan="2">14×0.06/0.1</td><td>12×0.06/0.1</td><td>10×0.06/0.1</td></tr>
<tr><td>8×0.09/0.15</td><td>55×0.09/0.15</td><td colspan="2">66×0.09/0.15</td><td>55×0.09/0.15</td><td>8×0.09/0.15</td></tr>
<tr><td rowspan="2">6×0.20/0.25</td><td rowspan="2">44×0.20/0.25</td><td>360×0.20/0.25</td><td>360×0.20/0.25</td><td rowspan="2">44×0.20/0.25</td><td rowspan="2">6×0.20/0.25</td></tr>
<tr><td>240×0.20/0.25</td><td>240×0.20/0.25</td></tr>
<tr><td>4×0.25/0.30</td><td>33×0.25/0.30</td><td colspan="2">44×0.25/0.30</td><td>33×0.25/0.30</td><td>4×0.25/0.30</td></tr>
<tr><td>2×0.3/2.0</td><td>4×0.3/2.0</td><td colspan="2">6×0.3/2.0</td><td>4×0.3/2.0</td><td>2×0.3/2.0</td></tr>
</table>

图 3.49　将浅埋隧道位置下移变深埋隧道(突涌源形态未改善)

<table>
<tr><td>10×0.06/0.1</td><td>12×0.06/0.1</td><td colspan="2">14×0.06/0.1</td><td>12×0.06/0.1</td><td>10×0.06/0.1</td></tr>
<tr><td>8×0.09/0.15</td><td>55×0.09/0.15</td><td colspan="2">66×0.09/0.15</td><td>55×0.09/0.15</td><td>8×0.09/0.15</td></tr>
<tr><td rowspan="2">6×0.20/0.25</td><td rowspan="2">44×0.20/0.25</td><td>360×0.20/0.25</td><td>360×0.20/0.25</td><td rowspan="2">44×0.20/0.25</td><td rowspan="2">6×0.20/0.25</td></tr>
<tr><td>240×0.20/0.25</td><td>240×0.20/0.25</td></tr>
<tr><td>4×0.25/0.30</td><td>33×0.25/0.30</td><td colspan="2">44×0.25/0.30</td><td>33×0.25/0.30</td><td>4×0.25/0.30</td></tr>
<tr><td>2×0.2/3.5</td><td>4×0.2/3.5</td><td colspan="2">6×0.2/3.5</td><td>4×0.2/3.5</td><td>2×0.2/3.5</td></tr>
</table>

图 3.50　将浅埋隧道位置下移变深埋隧道(底部突涌源形态稍有改善)

以上三种情况中,在隧道顶地表填土将浅埋隧道变为深埋隧道的做法改变隧道等效断面突涌烈度最大,突涌隐患程度被降低更多,但是湖泊地段的围岩水文地质条件差,改善的效果有限;而其他的两种办法基本无效果。这与实践经验相符。

3.6.4　结论

从以上工况看,鉴于浅埋隧道和深埋隧道存在改变埋置深度后可以相互转化的关系,对浅埋隧道作上述简化处理,是基本可行的。

第 4 章　隧道突涌隐患区段分析与治理

隧道区段是由无数个隧道等效断面组成的，每个隧道等效断面的突涌烈度不一定相同，那么隧道段的突涌属性怎样确定？确定了隧道段的属性后，如何防范突涌隐患被诱发？如何治理突涌隐患？如何开展治理评价？这些问题都是在抗突涌中遇到且不可绕过的关键问题，是隧道突涌治理与质量评价环节遇到的重要问题。

为了解决好这些关键问题，需要继续使用隧道等效断面属性来定义隧道纵向的单元段落，并开展隧道纵向区段突涌问题的正反向分析，寻找预防突涌暴发和治理突涌隐患的方法与手段。

4.1 突涌灾害暴发模型与突涌单元分析区

实践证明，突涌灾害不会等到施工人员开挖掘进到突涌隐患区域才暴发，而是提前暴发，因此有理由认定隧道存在属性不同的段落。在第 3 章中提出了非突涌隐患断面、过渡断面、突涌隐患断面的概念，若每类属性的代表断面能够对应相应的区域，则属性不同的区域组合在一起，形成了一组独特的隧道区段，这组隧道区段折射出了突涌灾害的暴发模型。

4.1.1 突涌灾害暴发模型

1. 隧道突涌灾害暴发典型模式

(1) 类似锦屏隧道的涌水灾害前置的模式

类似于锦屏隧道，属于超大埋深、超高水压的隧道，或者属于大埋深、高水压的隧道，巨量的水体储藏于断层带、褶皱构造带、腔洞等隐患核心区当中，远离隐患核心区的围岩较好、水压低，掘进条件较好，但是施工还没有掘进到隐患核心区，就出现了裂隙喷水或钻孔射水情况，乃至发生较大的涌水灾害。

通过迂回导洞引排水，发现隐患核心区的水量巨大，补给充分，有些隧道的排泄量日均几万立方米，甚至更大，比隧道正洞发生的涌水水量还大。

如果等到掘进隐患核心区正洞才出现突涌灾害，将是十分巨大的涌水，相比前置发生的灾害，灾害滞后暴发，损失将更大，但总是未掘进到核心区，在核心区外围就暴发了突涌灾害，灾害暴发的模式说明灾害前置了。正是涌水灾害前置了，正洞涌水量才不是那么大，暴发力也没有那么强，人们得以减少损失。

(2) 类似岭脚隧道的涌水突泥迸发灾害模式

广西岭脚隧道，在开挖掘进中，开挖轮廓内的围岩比较好，水量也少，掘进条件较好，在正常开挖的某一时刻，突发了特大涌水突泥迸发灾害，迸发出来的泥石水流体流速高达数十公里每小时，破坏力巨大。

后来调查发现，开挖轮廓围岩虽然较好，但是溃口前方数米靠近了腔洞，隧道围岩顶板厚度越来越薄，施工人员没有及时发现，爆破作业引爆了特大突涌灾害。施工人员忽视了对前方开挖轮廓线以外的水文地质超前预报或超前预报不准，盲目掘进导致了事故发生。事故反映了突涌隐患被施工诱发而提前转化为灾害的模式。

(3) 类似胡麻岭隧道突泥涌砂的模式

胡麻岭隧道围岩强度低、水压低，注浆注不进，注浆处治效果不佳，重力式引排水难以奏效，掘进异常艰难，有些地段经常发生突泥涌砂灾害，新旧溃口点相距不远。

突涌隐患区宽广，似乎处处都是隐患核心区。对于治理区段，如果开挖长度过长而预留长度过短就容易出现突涌灾害，呈现出预留长度过短而导致灾害前置的模式。

2. 模型的推定与抽象

依据突涌灾害暴发点不落在隧道突涌隐患区域而是落在隧道非突涌隐患区域的经验和环境地质递变的规律，结合非突涌隐患断面、突涌过渡断面、突涌隐患断面的属性概念，推定隧道某个区段可能存在两种基本组合。

一般组合：非突涌隐患区、突涌过渡区、突涌隐患区的组合，如图 4.1 所示。

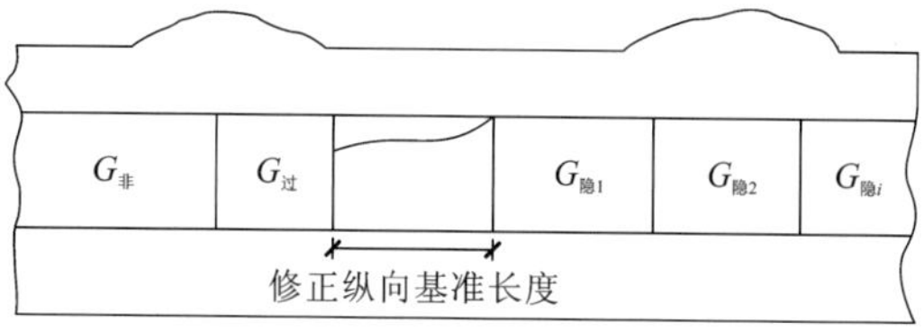

图 4.1　一般组合：非突涌隐患区、突涌过渡区、突涌隐患区

特殊组合：天然非突涌隐患区、天然的突涌隐患区的组合，如图 4.2 所示。由于没有天然的过渡区，可以人为地指定一段长度作为过渡区，也称人为指定的过渡区，这类组合不常见，称为特殊组合。这样，一般组合与特殊组合就统一起来了。

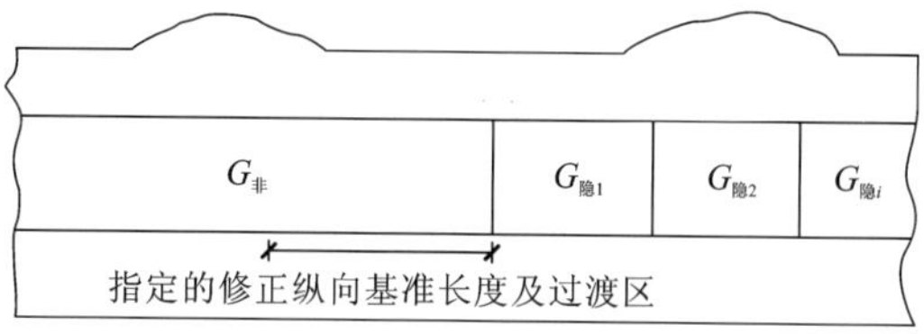

图 4.2　特殊组合：非突涌隐患区、突涌隐患区

4.1.2　突涌单元分析区及其属性

为了阐述与研究的方便，将一段非突涌隐患区、一段过渡区、两段突涌隐患区共 4 个区域按图 4.1 或图 4.2 所示的次序进行排列与组合，该 4 个组合区域称为一组突涌单元分析区。在突涌灾害识别、治理、治理质量评价的环节中，每个完整的循环只针对一组突涌单元分析区，下一循环再针对下一组突涌单元分析区。

非突涌隐患区：对应非突涌隐患断面的属性，组成隧道某段落的隧道等效断面中，所有隧道等效断面的突涌烈度均处于 $-100\% \leqslant G < 0$ 的范围。在一组突涌单元分析区内，非突涌隐患区中的某个等效断面的 G 值最大，则该断面就是非突涌隐患区的代表断面，该断面的 G 值代表了非突涌隐患区的突涌烈度。

突涌过渡区：对应突涌过渡断面的概念，组成隧道某段落的隧道等效断面中，所有隧道等效断面的突涌烈度均处于 $0 \leqslant G \leqslant +64\%$ 的范围。在一组突涌单元分析区内，突涌过渡区中的某个等效断面的 G 值最大，则该断面就是突涌过渡区的代表断面，该断面的 G 值代表了突涌过渡区的突涌烈度。

一般突涌隐患区：对应一般突涌隐患断面的属性概念，组成隧道某段落的隧道等效断面中，所有隧道等效断面的突涌烈度均处于 $+64\% < G \leqslant +900\%$ 的范围。

特殊突涌隐患区：对应特殊突涌隐患断面的属性概念，组成隧道某段落的隧道等效断面中，所有隧道等效断面的突涌烈度均处于 $G > +900\%$ 的范围。

突涌隐患区的突涌烈度：在一组突涌单元分析区内，有 2 个突涌隐患区，若第一个突涌隐患区中的某个等效断面的 G 值最大，则该断面就是第一个突涌隐患区的代表断面，该断面的 G 值代表了第一个突涌隐患区的突涌烈度；同理，确定第二个突涌隐患区的突涌烈度。

上述隧道突涌分析区及其代表等效断面的突涌烈度值，见表 4.1。

表 4.1　突涌分析区及其突涌烈度取值区间

突涌单元分析区	非突涌隐患区	突涌过渡区	一般突涌隐患区	特殊突涌隐患区
突涌烈度取值区间	$-100\% \leqslant G < 0$	$0 \leqslant G \leqslant 64\%$	$64\% < G \leqslant 900\%$	$G > 900\%$

4.1.3　突涌单元分析区的重要性

依据上述分类，在一组突涌单元分析区中存在 3 个属性不同的区域：非突涌隐患区、突涌过渡区、突涌隐患区（含 2 个区段）。自然而然可推出：突涌过渡区是突涌灾害的暴发区段。

突涌过渡区是非突涌隐患区与突涌隐患区的转换与过渡，并且突涌灾害因施工扰动将在过渡区内暴发，因此，其地位是最重要的。

突涌灾害暴发模型是十分有用的模型，它启发人们应从施工扰动诱发突涌灾害着手研究过渡区，先确保安全，然后反过来再研究对突涌隐患的治理。

4.2　施工扰动对前方隧道环境的影响

在进行隧道开挖掘进时，不可避免地需要开展爆破或凿除岩土等施工作业，作业产生的扰动效应会传递到前方未开挖区域，传递效应与距离成反比，前方区域被有效触动后，围岩出现变形并反馈传回到掌子面，突涌隐患因素与施工影响反馈效应叠加，在掌子面处反应最剧烈，隧道隐患往往就是这样因施工诱发成为灾害。

因此，被有效触动的前方断面与掌子面之间的距离，称为施工扰动对前方隧道环境的纵向有效影响长度。

4.2.1　纵向有效影响长度

如图 4.3 所示，处于临界稳定过渡区的 O-O 断面被开挖后，对前方的断面 V-V 造成了触动，那么，这两个断面之间的长度 OV，就是纵向有效影响长度。本节的任务是探究 OV 的长度。

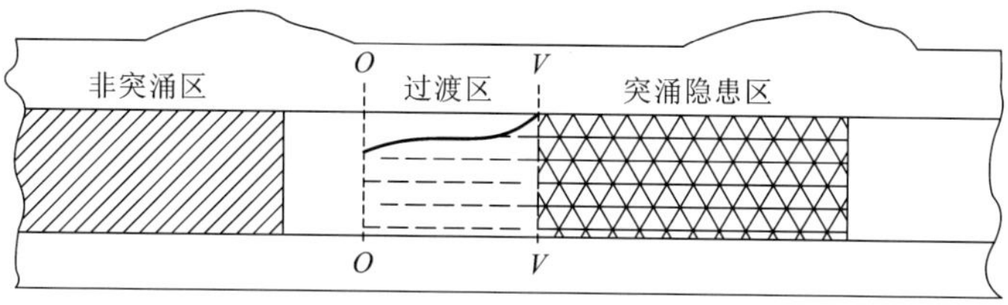

图 4.3　突涌模型图(施工纵向影响示意图)

4.2.2　力学计算

若试图通过力学模型计算获得比较确凿的纵向有效影响长度，将存在较大困难，原因在于影响 OV 长度的因素比较多：前方水文地质情况、后方水文地质情况、隧道形状、开挖洞径或宽度、开挖方法与工艺、后方支护情况、该区域的地应力等，每个因素及各因素变化之组合出来的工况，均影响 OV 的长短，难以准确地计算 OV 长度。

采用力学模型计算 OV 长度，相当于求解施工扰动对前方半空间的影响范围，因为一端已开挖，另一端未开挖，导致模型在纵向方向上不存在轴对称条件。计算模型的建立是一个世界级的问题，许多学者为此开展了诸多的努力，目前尚未获得普遍认可的算法。

4.2.3　施工统计与分析

为了探索施工扰动在纵向上的影响，人们采取了实测结合统计分析的办法，找到了两种分析方案。

一种方案是：单向开挖，观察掌子面单向逐步推进时，掌子面及其前后各断面同一点位的变形量。

另一种方案是：对向开挖，观察随着对向两个掌子面逐渐靠近时，在某一端掌子面的施工，是否对另一端掌子面带来影响，这两个掌子面的临界距离应为多少。

公路与铁路的道路宽度是以车道来衡量的，车道数确定后，隧道的宽度与高度即建筑空间就能确定下来了。例如，公路隧道绝大多数是 2 车道，少数是 3 车道，极少数为 4 车道以上，车道数相同的隧道建筑空间基本一致。那么，对于形状相似、面积相近的隧道空间，同类围岩情况下，施工过程所采用的开挖方法与工艺、支护结构、管理等基本相同，通过对施工的量测资料的统计，其成果可信度就较高，在经过广泛的统计及试用检验后，部分成果已纳入技术规范或标准。

1. 单向开挖的测试统计结论

隧道掌子面后方的空间是已掘开了的隧道空间，掌子面前方的空间仍然是围岩充填的空间，相对于隧道掌子面后方的观测，对隧道掌子面前方的观测难度更大，有些学者掌握了对隧道掌子面前方变形与位移的测量办法。例如，采用预埋多点位移计测量位移的办法，根据隧道施工掌子面及其前后变形及位移量测资料的统计分析，得到掌子面前方变形与后方变形存在对应联系的规律(关宝树 等，2011)，如图 4.4 所示(图中 D 为隧道的开挖直径)。

这个成果被普遍接受，运用到通过掌子面后方的变形量测(如拱顶沉降和周边收敛)，得出时间-变形速率及可以绘制出相应曲线，管理上(规范或规程)给出一定指标，使用指标及量测得到的时间-变形速率数值、曲线，以判断掌子面危险程度，并以此作为继续开挖或暂停开挖的决策依据。

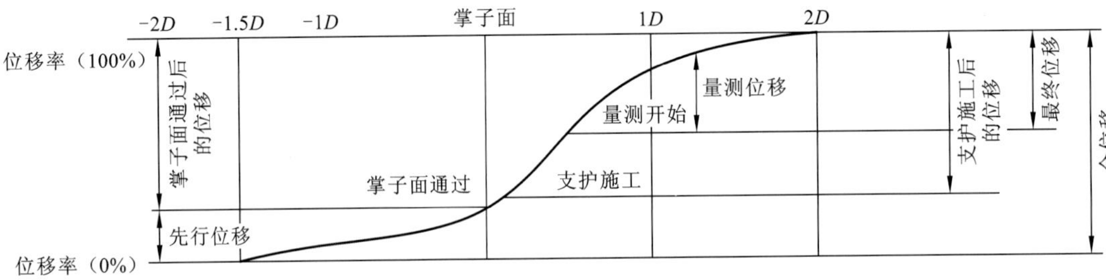

图 4.4　掌子面前方和后方的累计变形曲线

显然，前方有效影响的长度范围的统计数据是十分有用的，根据关宝树在《软弱围岩隧道施工技术》一书中给出的数据(关宝树 等，2011)，总结得出如下结果。

(1) 软弱围岩。对于软土与淤泥、极破碎岩石、地应力较大的区域等隧道段，前方有效影响的长度，为 2～3 倍洞径。

由于突涌灾害总是在非突涌隐患区或突涌过渡区内暴发，所以本书研究的重点是在该两区域内确保掌子面与突涌隐患区保持一个合适的距离，而不是研究突涌隐患区区内的施工扰动长度。软土与淤泥、极破碎岩石、地应力较大的区域属于突涌隐患区的可能性是较大的，因此，掌子面与突涌隐患区保持一个合适的距离，就不采用软弱围岩的施工纵向扰动影响长度经验数据。

(2) 一般围岩。对于围岩为非软弱围岩的隧道段，前方有效影响的长度，为 1～2 倍洞径。环境干燥的软岩及土体，宜按 1.5D 的洞径估算；环境干燥至稍潮湿的硬岩，宜按 1.0D 的洞径估算。

(3) 总体上讲，临界稳定的围岩，前方有效影响的长度为 1.0D～1.5D，D 为洞内开挖直径或开挖宽度，对于非圆形的隧道，业界习惯将开挖宽度标注为 B。

有些学者受隧道掌子面前后方实测变形总结出的规律性成果的启示，采集了隧道环境水文地质指标及其他物理参数后，采用数值分析的办法，在开挖前推测某些地段在开挖前后的变形量，在开挖过程予以实测，并予以对比，根据他们披露在文献上的数据，预测变形量与实测变形量较为吻合或接近。例如，关宝树应用 FLAC3D 有限差分数值分析软件分析了开挖宽度为 15 m 的武广高铁浏阳河隧道某段落的变形，得出了施工扰动影响前方的长度约为 1D 的结论(关宝树 等，2011)，如图 4.5 所示。

2. 对向开挖的测试结论

中南大学石玉锋、阳军生等对软弱围岩大断面隧道对向开挖和单向开挖的施工扰动进行

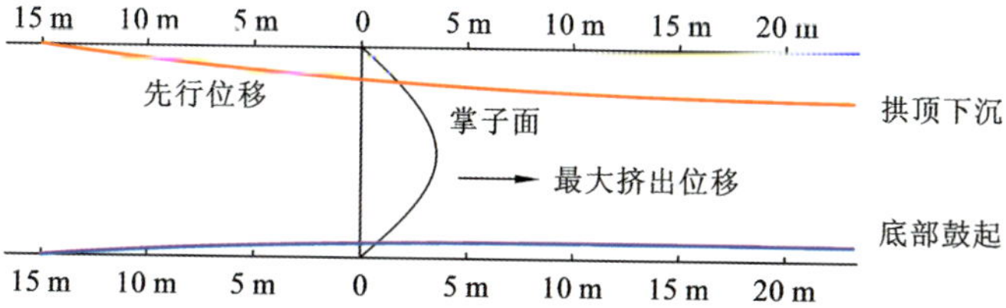

图 4.5　开挖导致的前方和后方的变形示意图

了实地对比观测(石玉锋 等,2013),得出的结论是:单向开挖,影响长度为 $2D$(或 $2B$),对向开挖影响长度为 $2D\sim3D$(或 $2B\sim3B$)。他们同样是用 FLAC3D 有限差分数值分析软件进行了数值分析与验证,结论与观察结果相近。

4.2.4　相关行业技术规范的管理规定

1. 矿山系统的规定

1982 年国务院发布的《矿山安全条例》,第四十八条规定“用爆破方法贯通井巷时,矿井测量部门必须提出准确图纸。当两个互相贯通的工作面之间的距离只剩下 15 m 时,只许从一个工作面掘进贯通”。

该规定自颁布就得到了矿业、铁路、公路等系统的广泛响应及执行,并体现在相关技术规范中,一直持续至今。

2. 公路与铁路的规定

《公路隧道施工技术规范》(JTG F60—2009)第 6.1.5 款规定“隧道双向开挖接近贯通时,两端施工应加强联系,统一指挥。当两开挖面间距剩下 15～30 m 时,应改为单向开挖,并落实贯通面的安全措施,直到贯通为止”。

《公路隧道施工技术规范》(JTG F60—2009)在条款说明中声明:该规范适用于 2 车道所对应的隧道断面,对于其他断面的隧道,该规范仅作参考。公路 2 车道隧道断面的开挖宽度 B 在 11～13 m,贯通面的 15～30 m 距离相当于 $2B\sim2.5B$。

铁路技术规范也有类似规定。

4.2.5　本书的做法与推断

1. 本书的做法

本书大量地介绍了文献上已得到普遍认可的经验与教训,而没有去做相关的理论推导,目的既不是想证明这些经验与教训是否与理论相符,也不是设想开创某种理论算法,而是想利用这些有效的结论作为基础,为分析突涌做铺垫,避免分析突涌时“脱靶”,以致使识别、分析、治理突涌偏离了方向。

2. 本书的推断

综合上述数据,本书推断,隧道围岩在临界稳定的状态下,也就是处于突涌过渡区的情况下,施工扰动对前方的纵向有效影响长度为 $1.5B\mu$,μ 为调整系数,取值在 1.0～1.05;隧道围岩在稳定的状态下，也就是处于非突涌隐患区的情况下，施工对前方的纵向有效影响长度为 $1.0B\mu$，μ 取值在 1.0～1.05。

施工扰动对前方的纵向有效影响长度，是非常有价值的经验数据，这是暂时的结论，稍后还将更精确地研究与分析，将其价值体现出来。

4.3 掌子面暴发突涌灾害的危险程度估算方法

隧道掌子面灾害暴发危险程度是突涌隐患隧道治理过程中需要把握好的关键指标，若该指标估算得比较准确，将较好地指导施工，保障安全；反之则施工导向失准或错误，安全风险增大，甚至会引发突涌灾害。

实践上，隧道突发突涌灾害，相邻断面或地段多次发生突涌灾害，治理后开挖过程仍然暴发突涌灾害的情况较为普遍。主要原因是没有找到对隧道掌子面灾害暴发危险程度进行估算的适合方法，估算结果不准确，从而带来系列问题。为此，本节予以专门研究。

4.3.1 开挖最小预留长度

根据 4.2 节的分析，过渡区区段内的掌子面与突涌隐患区的距离若大于等于某个长度，施工扰动影响将接近零；也就是说在隧道掘进过程中，掌子面与突涌隐患区的距离要保证有一个开挖最小预留长度，以使得前方的突涌隐患不会转化为灾害而前置暴发。

(1) 一般组合突涌单元分析区

当天然的过渡区长度大于 $1.5B\mu$ 时，开挖最小预留长度为 $1.5B\mu$，该区段靠近突涌隐患区。

当天然的过渡区长度小于 $1.5B\mu$ 时，应从非突涌隐患区中取出一段补充给过渡区，人为确保开挖最小预留长度大于等于 $1.5B\mu$。

(2) 特殊组合突涌单元分析区

突涌单元分析区内没有天然的过渡区，要专门特别指定靠近突涌隐患区的非突涌隐患区的 $1.0B\mu$ 长度作为过渡区，人为确保开挖最小预留长度大于等于 $1.0B\mu$。

(3) 突涌隐患区的分段

突涌隐患区区段较长时，可以人为地以 $1.5B\mu$ 或 $1.0B\mu$ 来划分段落。一组突涌单元分析区内有 2 段突涌隐患区，分别称为第一隐患段、第二隐患段。

(4) 非突涌隐患区的分段

除非是指定将其中一段补充给过渡区，否则一般不必要对非突涌隐患区进行细分。

(5) 基准长度 $L_{基准}$

上述两种组合中的 $1.5B\mu$ 或 $1.0B\mu$ 统称为基准长度。

4.3.2 修正的开挖最小预留长度

图 4.1 及图 4.2 可直观判断：一组突涌单元分析区内，第一隐患段的 $G_{隐1}$ 越小，乃至接近

过渡区的 $G_{过渡}$，则开挖最小预留长度就没有必要那么长，可相应缩短；相反，应该相应加长开挖最小预留长度。实质是由于第一隐患段的 $G_{隐1}$ 出现变动，需要相应修正开挖最小预留长度，修正公式如下。

$$L_{修}=L_{基准}\times\frac{G_{隐1}}{900\%-64\%} \tag{4-1}$$

式中：$L_{修}$ 为修正的开挖最小预留长度；$L_{基准}$ 为开挖最小预留长度。

4.3.3　暴发突涌灾害的危险程度

过渡区修正的开挖最小预留长度是用于防止超挖的，超挖侵入修正开挖最小预留长度越多，实际预留长度就越短，则越容易触发突涌灾害，暴发突涌的危险程度则越高。暴发突涌的危险程度为

$$W=\frac{L_{修}-L_{预留}}{L_{修}}\times100\%=\frac{L_{基准}\times\frac{G_{隐1}}{900\%-64\%}-L_{预留}}{L_{基准}\times\frac{G_{隐1}}{900\%-64\%}}\times100\% \tag{4-2}$$

式中：$L_{预留}$ 为预留长度；W 取值为 0～100%。

隧道暴发突涌灾害的危险程度 W，与隧道施工时量测得到的净空变形速率、净空位移控制基准值与实际值的比值，具有正向相关的关系，实际工作中宜积累相关经验，结合该三个数据，制定开挖策略。

4.3.4　突涌灾害暴发常见情况

表 4.2　突涌灾害暴发常见原因及情况

<table>
<tr><th>区域</th><th>过渡区</th><th>突涌灾害暴发常见情况</th></tr>
<tr><td rowspan="2">过渡区明显</td><td>$0\leqslant G\leqslant+64\%$</td><td rowspan="2">1. 超挖稍侵入修正开挖最小预留长度内，发生小规模的突涌灾害
2. 超挖侵入修正开挖最小预留长度内较长，暴发较大规模的突涌灾害</td></tr>
<tr><td>天然过渡区长度≥开挖最小预留长度 $1.5B\mu$</td></tr>
<tr><td rowspan="3">过渡区较明显</td><td>$0\leqslant G\leqslant+64\%$</td><td rowspan="3">1. 超挖越过了非突涌隐患区，发生小规模突涌灾害
2. 超挖侵入修正开挖最小预留长度内较长，暴发较大规模的突涌灾害
3. 天然过渡区长度较短，超挖侵入天然过渡区长度内，突发大规模的突涌灾害</td></tr>
<tr><td>1. 天然过渡区长度＜开挖最小预留长度 $1.5B\mu$</td></tr>
<tr><td>2. 处置办法：不足部分从非突涌隐患区补充补足，基准长度仍为 $1.5B\mu$</td></tr>
<tr><td rowspan="3">过渡区不明显</td><td>$0\leqslant G\leqslant+64\%$</td><td rowspan="3">1. 超挖侵入修正开挖最小预留长度内较长，暴发较大规模的突涌灾害
2. 超挖接近突涌隐患区，突发大规模的突涌灾害</td></tr>
<tr><td>1. 过渡区长度＝0</td></tr>
<tr><td>2. 处置办法：从非突涌隐患区中取出一段 $1.0B\mu$ 的长度，特别指定作为开挖最小预留长度</td></tr>
</table>

4.3.5 案例

某隧道是包茂高速公路广西境内的一座隧道，如图 3.32 所示，某隧道拱顶上部存在巨型腔洞，隧道掘进距离腔洞越近，拱顶的围岩顶板则越薄，当薄到一定程度时，在剩余顶板厚度为 6 m 时，由于爆破作业诱发了特大突涌灾害。

腔洞壳的围岩强度为 4.5 MPa，腔洞核心区水压为 0.5 MPa。AB 隧道段，隧道围岩为微风化至中风化白云质混合岩，抗压强度约为 40 MPa，抗张强度为 4.0 MPa，平均重度约 0.022 MN/m^3；掘进至 B-B 断面以前，开挖轮廓线内没发现存在地下水。

隧道开挖宽度为 11.45 m，施工扰动长度按 1.5B 估算，即纵向施工影响基准长度等于 17.18 m。腔洞逐步侵入到隧道，隧道等效断面的突涌烈度逐渐变大。当前掌子面桩号为 K0＋100。

K0＋104 的等效断面突涌烈度为 282%，K0＋108 的等效断面突涌烈度为 700%，请问当前掌子面暴发突涌灾害的危险程度是多少？

1.《矿区水文地质工程地质勘探规范规范》的估算

依据《矿区水文地质工程地质勘探规范》(GB 12719—1991)附录 G(国家技术监督局，1991)或国家安全生产监督管理总局 2009 年颁布的《煤矿防治水规定》附录的安全隔水层厚度估算公式，先估算安全隔水层厚度。

将有关数据代入公式

$$L=\frac{B\times\left(\sqrt{\rho^2\times B^2+8\times K_p\times H}-\rho\times B\right)}{4\times K_p} \tag{4-3}$$

式中：L 为安全隔水层厚度(m)；B 为采掘工作面最大宽度(m)；ρ 为隔水层围岩的平均重度(MN/m^3)；K_p 为隔水层围岩的抗张强度(MPa)；H 为隔水层承受的水头压力(MPa)。

将各数据代入式(4-3)得到安全隔水层厚度，$L=2.69$ m。

(1) 从当前掌子面到 K0＋104 的实际距离为 4 m，大于安全隔水层厚度 2.69 m，因此，目前的掌子面暴发突涌灾害的危险程度计算值为 0。

(2) 从当前掌子面到 K0＋108 的实际距离为 8 m，大于安全隔水层厚度 2.69 m，因此，目前的掌子面暴发突涌灾害的危险程度计算值为 0。

2. 隧道突涌形态分析法的估算

(1) 开挖最小预留长度为 17.18 m。

(2) 修正开挖最小预留长度：

$$L_{修1}=\frac{17.18\times(282\%)}{(900\%-64\%)}=5.79\ \text{m},$$

$$L_{修2}=\frac{17.18\times(700\%)}{(900\%-64\%)}=14.38\ \text{m}$$

(3) 暴发突涌灾害的风险：

① 当前掌子面相对于 K0＋104

$$W_1=\frac{[5.79-(104-100)]}{5.79}=31\%,$$

② 当前掌子面相对于 K0+108

$$W_2=\frac{[14.38-(108-100)]}{14.38}=44\%$$

(4) 突涌形态分析法的结论：当前掌子面(K0+100)暴发突涌灾害的危险程度为 44%。

3. 突涌形态分析法与《矿区水文地质工程地质勘探规范》计算结果的比较

(1) 使用传统规范公式估算隧道安全隔水厚度偏小，从而使得估算当前掌子面暴发突涌灾害的危险程度是不准确的，运用于指导施工将是不安全的。

(2) 突涌形态分析法适用于隧道，估算结果符合实际情况，可以运用于指导隧道施工。

第 1 章介绍了矿业系统防突水经验、安全隔水层厚度和突水系数计算公式，这对于突涌灾害防治也是很重要的经验之一，但是因为没有考虑前方水体与水压的区域分布特征，准确性会下降，因此包括矿业系统在内大家认为其可靠度不够高。本书的隧道突涌形态分析法注意到了该点，将隧道等效断面进行了分区，并将水文地质情况与变形速率情况一并考虑在各分区内，克服了传统方法不考虑前方水文地质分布不均的缺陷。

4.4　确定帷幕注浆合理长度与可开挖长度

对于突涌隐患区区段较长的隧道，采用帷幕注浆进行治理，若不能一次性将突涌隐患区全部消灭掉，则需要进行 2 循环或 2 循环以上的帷幕注浆及开挖，每循环计划帷幕注浆长度为多长，以及帷幕注浆后可开挖长度与预留长度为多长，既涉及总工期和总费用，同时也涉及施工安全，如何科学合理确定这些指标是治理隧道突涌隐患工作的难题之一，需要深入研究予以解决。

4.4.1　既有方法

1. 主要步骤

确定帷幕注浆合理长度与可开挖长度的方法第 1 章已作介绍，主要步骤如下。

(1) 确定帷幕注浆厚度

① 厚壁筒模型理论公式

$$B_1=\frac{D}{2}\left(\sqrt{\frac{\sigma}{\sigma-\sqrt{3}P_z}}-1\right)$$

② 或采用注浆经验公式

$$B_1=\frac{B-D}{2}=(0.5\sim1.0)D$$

(2) 确定帷幕注浆区段长度、开挖长度、预留长度

按如下经验公式确定相关长度：

$$L_{帷幕}=(3\sim5)B_1$$

$$L_{开挖}=(0.7\sim0.8)L_{帷幕}$$

$$L_{预留}=(0.2\sim0.3)L_{帷幕}$$

式中：$L_{帷幕}$ 为帷幕注浆区段长度(m)；$L_{开挖}$ 为开挖长度(m)；$L_{预留}$ 为预留长度(m)。

以上述方法确定帷幕注浆厚度，存在两种组合。第一种组合：先采用理论公式计算并确定帷幕注浆厚度，再用注浆经验公式确定相关长度；第二种组合：先采用经验公式估算并确定帷幕注浆厚度，再用注浆经验公式确定相关长度。

2. 两种组合方法的适用性检验

以广西均昌隧道某段落帷幕注浆治理为例，有关参数或指标为：注浆固结后围岩允许抗压强度取为 2.5 MPa，最大静水压力 P_z 取为 1.0 MPa，隧道开挖等效直径 D 取 12.75 m，$\mu=1.0$，$L_{基准}=1.5D\mu=1.5\times12.75\times1.0=19.125$ m。假设其中某一循环帷幕注浆长度为 $L_{帷幕1}=3B_1$，另一循环帷幕注浆长度为 $L_{帷幕2}=5B_1$，并假设本循环帷幕注浆区段全部合格。再假设本循环帷幕注浆区段的前方隧道断面的突涌隐患烈度分别为：$G_{隐1}=64\%$、$G_{隐1}=300\%$、$G_{隐1}=900\%$。

从最稳健的角度调整开挖长度和预留长度的系数，则相应经验公式为：$L_{开挖}=0.7L_{帷幕}$，$L_{预留}=0.3L_{帷幕}$。

(1) 第一种组合方法的风险

将有关数据代入相关公式后，得到开挖预留长度分别为：4.62 m、7.7 m，此时，掌子面暴发突涌灾害的危险程度见表 4.3。

表 4.3 第一种组合方法的风险

本循环预留长度＼下一循环的 $G_{隐1}$	当 $G_{隐1}=64\%$时，$L_{修}=0.114D=1.454$ m	当 $G_{隐1}=300\%$时，$L_{修}=0.539D=6.872$ m	当 $G_{隐1}=900\%$时，$L_{修}=1.614D=20.579$ m
$L_{预留1}=4.62$ m	$L_{预留1}>L_{修}$，$W=0\%$ 无风险	$L_{预留1}<L_{修}$，$W=33\%$ 中低风险	$L_{预留1}<L_{修}$，$W=78\%$ 高风险
$L_{预留2}=7.70$ m	$L_{预留2}>L_{修}$，$W=0\%$ 无风险	$L_{预留2}>L_{修}$，$W=0\%$ 无风险	$L_{预留2}<L_{修}$，$W=63\%$ 高风险

注：若采用 $L_{预留}=0.2L_{帷幕}$，上表 4.3 中 W 将出现变动，将会更大。

(2) 第二种组合方法的风险

假设某一循环帷幕注浆厚度取 $0.5D$，另一循环帷幕注浆厚度取 $1.0D$。

将有关数据代入相关公式后，得到开挖预留长度分别为：5.74 m、9.56 m、11.48 m、19.13 m，此时，掌子面暴发突涌灾害的危险程度见表 4.4。

表 4.4 第二种组合方法的风险

本循环预留长度＼下一循环的 $G_{隐1}$	当 $G_{隐1}=64\%$时，$L_{修}=0.114D=1.45$ m	当 $G_{隐1}=300\%$时，$L_{修}=0.539D=6.87$ m	当 $G_{隐1}=900\%$时，$L_{修}=1.614D=20.58$ m
$L_{预留1}=0.45D=5.74$ m	$L_{预留1}>L_{修}$，$W=0\%$ 无风险	$L_{预留1}<L_{修}$，$W=17\%$ 中低风险	$L_{预留1}<L_{修}$，$W=72\%$ 高风险
$L_{预留2}=0.90D=11.48$ m	$L_{预留2}>L_{修}$，$W=0\%$ 无风险	$L_{预留2}>L_{修}$，$W=0\%$ 无风险	$L_{预留2}<L_{修}$，$W=44\%$ 中等风险
$L_{预留3}=0.75D=9.56$ m	$L_{预留3}>L_{修}$，$W=0\%$ 无风险	$L_{预留3}>L_{修}$，$W=0\%$ 无风险	$L_{预留3}<L_{修}$，$W=54\%$ 中高风险
$L_{预留4}=1.5D=19.13$ m	$L_{预留4}>L_{修}$，$W=0\%$ 无风险	$L_{预留4}>L_{修}$，$W=0\%$ 无风险	$L_{预留4}<L_{修}$，$W=7\%$ 低风险

注：若 $L_{预留}=0.2L_{帷幕}$，表 4.3 中 W 将出现变动，将会更大。

表 4.3 及表 4.4 表明，既有方法在一定条件下还较为可靠，但是条件改变后，不再可靠，从适用性的角度看，总体上不够可靠。

3. 既有方法总体上不可靠的主要原因

（1）帷幕注浆厚度的估算不够可靠

若帷幕注浆厚度过小，即是 B_1 值过小，从而导致注浆治理区段质量不合格，则不论帷幕注浆长度、开挖长度、预留长度如何取值，均可能引发突涌灾害。在 3.3 节已作介绍。

（2）没有考虑纵向施工扰动影响

下一循环区段的突涌烈度及纵向施工影响长度决定预留长度，既有方法没有考虑这两因素。

（3）忽视了帷幕注浆后的治理质量检验

帷幕注浆后，质量合格区段长度未必达到设计长度，未经检验就以设计长度为基准确定开挖长度和预留长度，做法错误且危险。

4.4.2　突涌形态分析法视角下的做法

为了确保安全，并克服既有方法的缺陷，突涌形态分析法视角下的总体做法是：在本循环帷幕注浆前，通过勘察拟帷幕注浆区段的水文地质情况，确定本循环帷幕注浆计划长度、计划开挖长度、计划预留长度；在本循环帷幕注浆后，通过勘察检验帷幕注浆段的治理质量，并顺带勘察下一循环区段的水文地质情况，最终确定本循环帷幕注浆区段的可开挖长度、预留长度。下一循环执行同样工序，如此循环，直到将隧道突涌隐患地段消灭。

1. 突涌形态分析法视角下的具体步骤

1）确定帷幕注浆长度的计算方法

若帷幕注浆长度过短，会导致治理循环次数较多，总工期过长，不适用；若帷幕注浆长度过长，会导致每循环帷幕注浆作业时间过长，治理质量合格率下降，开挖作业用时长，帷幕注浆失效风险大，也不适用。因此，合适的帷幕注浆长度必须考虑工期、质量、费用、安全的均衡，包括帷幕注浆长度、开挖长度、预留长度相互之间的配伍性。作者经过长时间实践，结合确保控制突涌灾害暴发危害程度处于低水准的需求，认为宜按如下方法确定帷幕注浆长度、计划开挖长度与计划预留长度。

$$L_{计划}=L_{预留}=L_{修},\quad L_{帷幕}=L_{计划}+L_{预留}=2L_{修}。$$

式中：$L_{计划}$为计划开挖长度(m)。

2）帷幕注浆前，确定帷幕注浆区段长度

不管隧道突涌突涌分析区属于一般组合，还是属于特殊组合，统一按一般组合的相应公式来估算 $L_{修}$，从而确定 $L_{帷幕}$。

$$L_{修}=1.5B\mu\times\frac{(G_{隐1})}{(900\%-64\%)}$$

$$L_{帷幕}=2\times1.5B\mu\times\frac{(G_{隐1})}{(900\%-64\%)}$$

$G_{隐1}$为本循环拟治理区段的突涌烈度，亦即是本组突涌单元分析区内的第一突涌隐患段的突涌烈度。

3）帷幕注浆后，开展质量检验及下一循环勘察

检验及勘察后获取如下指标或参数：

(1) 帷幕注浆合格长度 L，以及帷幕注浆合格区域与下一循环拟治理区段组成的突涌分析区是属于一般组合突涌分析区还是特殊组合突涌分析区。

(2) 下一循环拟治理区段的突涌烈度 $G_{隐1下}$，亦即是本组突涌单元分析区内的第二突涌隐患段的突涌烈度。

4）最终确定本循环帷幕注浆治理段的合格长度、可开挖长度、预留长度

(1) 若本循环帷幕注浆治理段全部合格，即各代表断面 G 值均小于 64%，则

① 若本循环治理段的末段各代表断面 G 值均小于零

$$L_{预留}=L_{修}=1.0B\mu\times\frac{G_{隐1下}}{900\%-64\%}$$

$$L_{开挖}=\left(2\times1.5B\mu\times\frac{G_{隐1}}{900\%-64\%}\right)-\left(1.0B\mu\times\frac{G_{隐1下}}{900\%-64\%}\right)$$

② 若本循环治理段的末段各代表断面 G 值均大于零而小于 64%

$$L_{预留}=L_{修}=1.5B\mu\times\frac{G_{隐1下}}{900\%-64\%}$$

$$L_{开挖}=\left(2\times1.5B\mu\times\frac{G_{隐1}}{900\%-64\%}\right)-\left(1.5B\mu\times\frac{G_{隐1下}}{900\%-64\%}\right)$$

(2) 若本循环帷幕注浆治理段全部不合格，应重新补注浆，直至合格为止，不得开挖。

(3) 若本循环帷幕注浆治理段前端段合格而末端段不合格，则

① 若合格长度小于 $0.7L_{帷幕}$，重新补注浆，直至合格为止，不得开挖。也可以选择不重新补注浆，直接开挖，但可开挖长度会较小，经济性差，一般情况下不提倡直接开挖。

② 若合格长度 L 大于 $0.7L_{帷幕}$，不合格区段的代表等效断面突涌烈度为 $G_{末}$，这时，宜重新补注浆，若不补充注浆而作出开挖决定，可开挖长度、预留长度的计算公式如下：

$$L_{预留}=L_{修}=1.5B\mu\times\frac{G_{隐1下}+G_{末}}{2\times(900\%-64\%)}$$

$$L_{开挖}=L_{合格}-\left[1.5B\mu\times\frac{G_{末}+G_{隐1下}}{2\times(900\%-64\%)}\right],L_{开挖}\geqslant0$$

在抗突涌实践中，有些突涌隐患隧道施工推进极其缓慢，在帷幕注浆治理后，开挖过程不时发生突涌灾害，甚至在同一地段反复多次暴发突涌灾害，出现这种现象的主要原因是：帷幕注浆区段长度的确定不合理，治理质量不完全合格且又忽视检验，开挖长度过长而预留长度过短。使用既有方法来确定帷幕注浆区段长度、开挖长度、预留长度，经常出现上述问题，是因为既有方法不够可靠、适应性差的原因。突涌形态分析法克服了既有方法的缺陷，能够控制灾害暴发危险程度处于较低的水准，具有较大的应用价值。

4.5 人工构建过渡区

不管是天然存在的过渡区，还是人为指定的过渡区，随着开挖掘进的逐渐推进，这些特定的过渡区始终得用完，天然过渡区就不复存在了；但是如果突涌隐患区仍未完全治理好，安全

还须有保障，这时就需人工构建过渡区。下面以低水压砂岩隧道为例，阐明如何利用隧道突涌形态分析法构建人工过渡区。

4.5.1　典型低水压砂岩隧道概况

1. 永莲公路隧道

永莲隧道是江西省吉安至莲花高速公路的其中一座隧道。该隧道为双洞小净距隧道，两洞之间净距 37 m，单洞车道为 2 车道。隧道左洞长 2.486 km，右洞长 2.494 km。吉莲高速项目于 2010 年开工，永莲隧道也同时动工，2013 年吉莲高速全路段除永莲隧道外均已建成通车，直至 2014 年 11 月永莲隧道才开挖贯通，2015 年建成通车，隧道工期接近 6 年。

该隧道在 F2 及 F3 断层遇到突涌问题，左右洞共发生 15 次突涌灾害，以突泥为主，累计突泥总量 17 000 m^3。

F2 及 F3 断层及附近地段围岩为风化页岩与砂岩互层区，风化花岗质岩，风化程度高，扰动容易失稳；页岩含蒙脱石等矿物，属于膨胀性围岩，遇水崩解，软化、泥化作用强烈，地层富水性好，多次突泥涌水形成较大型承压水囊。围岩裂隙发育，连通性好，断层充填的介质松软，易劈裂贯通，注浆加固过程跑浆、串浆现象严重。突涌地段隧道埋深约 200 m，隧道出现突涌灾害，导致约 2 000 m^2 的地表塌陷，塌陷最大深度约 30 m。

钻孔出水最大稳定水压为 0.8 MPa，钻孔最大涌水量为 70～100 m^3/h。普遍水压在 0.3～0.5 MPa。距离断层带较远的地段，中风化砂岩、页岩、风化花岗质岩，强度为 20～40 MPa。靠近断层带的地段，中风化砂岩与页岩互层、风化花岗质岩，强度为 15～20 MPa。断层带核心地段，中风化砂岩与页岩互层及泥质粉砂岩、风化花岗质岩，强度为 4.0～6.0 MPa(胡德勇，2013)。

采用全断面帷幕注浆加固围岩，初期帷幕厚度为 5 m，开挖出现了多次突涌，后来在突涌溃口处地段和部分地段帷幕厚度加大到 8～10 m，并且中隔墙也一并予以注浆加固。

2. 福建厦门翔安隧道

并非所有存在突涌隐患的隧道都会暴发突涌灾害，有些隧道突涌风险虽然较高但是确实没有发生突涌灾害，如福建厦门翔安隧道。隧道存在突涌隐患，然而最终隐患没有被引发成灾害，是有原因的，值得分析与检验。

厦门翔安隧道是厦门市区连接翔安区的海底隧道，全长约 6 km，穿越海域长度约为 4.2 km，设左右洞主行车道和两主洞间的服务隧道，主行车道隧道为 6 车道公路，最大开挖断面为 170 m^2。

隧道周边围岩主要是风化花岗岩，低渗透性，总体富水性弱，为弱含水层或微含水层，全线共 12 处风化槽，F1 风化槽的情况最复杂。由于施工措施及预防得当，施工过程没有发生突涌灾害，只发生过若干起拱顶局部小坍塌。

设计水压 0.68 MPa，隧道大部分地段实际水压在 0.5 MPa 以下(表 2.12)，个别路段实际最大水压达到 0.45 MPa；该隧道未出现溃塌的全风化花岗岩岩土的强度(R)的取值为 2.2 MPa，强风化岩土的取值为 3.0 MPa。通过全断面帷幕注浆或周边帷幕注浆加固围岩，帷幕厚度为 5 m，较顺利贯通了隧道(林作雷，2011)。

3. 胡麻岭隧道

胡麻岭隧道是兰渝铁路最后贯通的一座隧道，于 2017 年 6 月 19 日贯通，建设总工期 9

年。全长 13.6 km 的胡麻岭隧道，被列为兰渝铁路“头号重难点工程”。

本书分析该隧道的主要数据来源于相应的设计方案及施工单位的总结，以及徐志平、高勤远、冷雅梅、周烨等的论文。在文献中未看到有关水压力的披露，强调最多的是水位在拱顶 40 m处，但渗透系数较小，属于半透水～弱渗透围岩，渗透系数为 0.5 m/d。从所提供的数据推测，水压力不超过 0.4 MPa。

富水砂岩段落较长(冷雅梅，2013)，难以通过取样制成试件测试其强度，小部分带有钙质的围岩则勉强在现场削成试件测量抗压强度，部分围岩天然强度为 2.46～7.58 MPa，部分天然饱和强度为 0.8～2.67 MPa(周烨，2013)。

4.5.2 低水压砂岩隧道的特点及过渡区的构建需求

以上三座低水压砂岩隧道连续的突涌隐患区长度较长，隐患区内是没有天然的过渡区的，一个治理循环不能将突涌隐患区全部消灭，过渡区需要人工构建，见表 4.5。

表 4.5 典型低水压砂岩突涌隧道的特点及过渡区构建需求

突涌要素	永莲隧道	厦门翔安隧道	胡麻岭隧道
突涌源形态系数代表值	(1) 最高水压 0.8 MPa 核心区 $J=0.8/5\approx2/10$ 突涌源形态类别为 V 类，为灾害类别 (2) 平均水压 0.3～0.5 MPa 核心区 $J=0.4/5=8/100$ 突涌源形态类别为 IV 类，为灾害类别	(1)核心区最高水压 $J_1=0.45/2.2\approx2/10$ $J_2=0.45/3.0\approx2/10$ 突涌源形态类别为 V 类，为灾害类别 (2) 核心区平均水压 $J_{2\text{-}1}=0.2/2.2\approx9/100$ $J_{2\text{-}2}=0.2/3.0\approx7/100$ 突涌源形态类别为 IV 类，为灾害类别	(1) 核心区饱和强度取最高值时， $J_1=0.4/2.67\approx1/10$ 突涌源形态类别为 V 类，为灾害类别 (2) 核心区饱和强度取最低值时， $J_2=0.4/0.8=5/10$ 突涌源形态类别为 V 类，接近 VI 类，为灾害类别
断面突涌烈度代表值	(1) 最高水压地段 $G_1=900\%$ (2) 平均水压地段 $G_2=700\%$	(1) 最高水压地段 $G_3=900\%$ (2) 平均水压地段 $G_4=700\%$	(1) 最高水压地段 $G_5=900\%$ (2) 平均水压地段 $G_6=900\%$
隐患区长度	(1) 最高水压地段 左约 70 m，右约 100 m (2) 平均水压地段 左约 527 m，右约 598 m	(1) 最高水压地段 左约 30 m，右约 80 m (2) 平均水压时 (缺乏相关资料)	(1) 特别富水区地段 140 m 及 99 m (2)一般富水区地段 超过 1 750 m
人工构建过渡区的需求	(1) 最高水压地段 一个治理循环段难以消灭突涌隐患区 (2) 平均水压地段 一个治理循环段难以消灭突涌隐患区。需要较多循环治理，才可能消灭隐患区	(1) 最高水压地段 一个治理循环段难以消灭突涌隐患区 (2) 平均水压地段 一个治理循环段难以消灭突涌隐患区	(1) 最高水压地段 一个治理循环段难以消灭突涌隐患区 (2) 平均水压地段 一个治理循环段难以消灭突涌隐患区。需要较多循环治理，才可能消灭隐患区

如果构建的过渡区长度过短，将带来如下施工困难问题。

（1）相距不远的地方多次发生突涌灾害。从披露的文献中发现，某些地段多次发生突涌灾害，且溃口处相距不远。

（2）净空变形速率大，常需换拱。不论是注浆作业，还是开挖掘进作业，均导致隧道净空变形速率过大，变形量大，初支局部常被损坏，普遍出现侵限情况，经常需要换拱。

（3）重力式排水效果差。因为围岩组成颗粒细小、致密，并存在黏粒，渗透性差，采取重力式排水效果不佳。

（4）注浆改善围岩效果差。低压注浆，围岩可注性不好，注浆改善围岩效果差，高压注浆，跑浆并且导致注浆平台隆起、止浆墙开裂、附近初支过大变形等问题。

4.5.3　正向分析及正向构建过渡区的步骤

如表 4.6 所示，从勘察、设计到施工，共六个步骤，正向分析各突涌分析区，渐进循环构建突涌过渡区，实施循环治理。构建过渡区的过程实际是识别与分析、治理、质量评价的交互过程。

表 4.6　正向分析及正向构建过渡区

步骤	工作	备注
第 1 步	对围岩组成颗粒进行分析，确定引排水方式	电气浸透、真空排水、重力排水、不排水，四选一，或组合排水
第 2 步	勘察获得水压和围岩强度，估算 J 值，估算 G 值。 人工构建过渡区，即第一治理段的长度应等于预计开挖长度＋过渡区最低保有长度。过渡区最低保有长度应大于等于修正基准长度	实践表明，类似这样的地层，治理段若为 L，传统经验拟定开挖段为(70%～80%)L，开挖后剩余(20%～30%)L，(20%～30%)L 一般会小于过渡区修正的基准长度，因此，经常发生突涌灾害
第 3 步	按类比设计法，暂定一个断面加固厚度。设定治理质量目标，至少保证第一层和第二层的 J 值$\leqslant 10^{-2}$。保证断面 $G\leqslant 64\%$	—
第 4 步	治理后，检验 J 值，计算 G 值，若 $G\leqslant 64\%$，就确定该预设的断面加固厚度为合理值，否则，根据 G 值再适当增大断面加固厚度	—
第 5 步	开挖，观测净空变形速率，若速率超过规范要求，则加大预设的断面加固厚度，若符合要求，就确定预设的断面加固厚度为正式加固厚度 开挖到计划断面，变形速率不过大且不出现轻度突涌灾害，就确定拟定的治理长度为正式治理长度，否则就需要适当增长	最好采用多点位移计测取位移数据
第 6 步	最终确定后续循环治理段的治理长度和断面治理厚度。开始后续各循环的治理	—

4.5.4 反向分析及反向构建过渡区的步骤

如表 4.7 所示，从施工到补充勘察，再进行修正设计，共五个步骤，依据施工观测到的异常情况，反向分析各突涌分析区，修正突涌过渡区长度，修正原设计及原施工方案。反向构建过渡区的过程，实际是施工与修正设计的交互过程。

表 4.7 反向分析及反向构建过渡区

步骤	工作	备注
第 1 步	出现以下任何一项异常情况：①注浆钻孔喷出泥沙水流体；②注浆长时间不起压，吃浆量异常大，或有异响；③净空变形速率大；④出现 2 次以上（重复出现）小型塌方、突涌，或掉粒成线，或滴水成淋雨状，等。估计 J 值和 G 值的变化方向	注浆、开挖、支护等主要工序过程，出现异常的情况还有较多，不同地质水文条件和施工状况则有所不同，右侧列举的还不够全面，也不一定准确对应各类情况。需要有经验的人员对各类隧道再总结更多的经验
第 2 步	加固已开挖隧道段。观测净空变形速率	加固掌子面或初支；最好采用多点位移计测取位移数据
第 3 步	勘察获得水压和围岩强度，估算 J 值和 G 值，对比前后变化。情况若变差的，调整每循环的加固长度、断面厚度、注浆材料与工艺参数，或调整排水方式	—
第 4 步	开挖，观测净空变形速率，若速率超过规范要求，则加大预设的断面加固厚度，若符合要求，就确定预设的断面加固厚度为正式加固厚度 开挖到计划断面，变形速率不过大且不出现轻度突涌灾害，就确定拟定的治理长度为正式治理长度，否则就需要适当增长	最好采用多点位移计测取位移数据
第 5 步	最终确定后续循环治理段的治理长度和断面治理厚度 开始下一循环的治理	—

4.5.5 人工构建过渡区的经验教训

(1) 施工全过程必须坚持正向分析与反向分析相结合

正向分析与反向分析相辅相成，缺一不可，正向分析将隧道突涌模型转化为工地上隧道段的具体段落，反向分析给予了修正。

净空变形速率或围岩变形速率，是联结两者的主要桥梁。以突泥灾害为主的低水压砂岩隧道或低水压混合岩隧道，均具有变形速率过大的特征。在施工过程，抓住该特征，可以判断正向分析的结论是否符合实际情况，是否需要开展更详细的反向分析。

高水压隧道，水压的变化或水体喷距的变化，则是正向分析与反向分析的主要联结桥梁，与低水压砂岩隧道有明显的差别。

(2) 人工构建过渡区至关重要

低水压砂岩或低水压混合岩隧道，突涌隐患区长度较大，在突涌隐患区内部没有天然的过渡区，引排水效果也不佳，若在治理段内不考虑过渡区的构成，僵化地坚持开挖长度可以达到治理长度的 70%～80%的经验，剩余 20%～30%为人工构建的下一循环的过渡区，如图 4.6 所示，此过渡区的长度如果不大于修正开挖最小预留长度，既可能在隧道开挖的中后期暴发突涌灾害，也可能在下一循环治理中出现种种导致治理不顺利的问题，就犹如“泥足巨人”，迈不开大步，举步维艰，倘若迈开大步就会摔跟头，这是导致许多隧道不论注浆作业还是开挖掘进作业均遇到困难而出现反复原地折腾的主要原因。

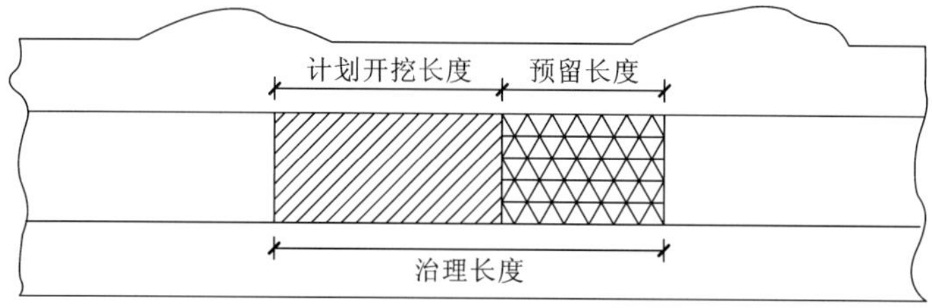

图 4.6　人工构建的过渡区

因此，治理长度必须包括计划开挖长度和预留长度，预留长度必须大于修正开挖最小预留长度，如图 4.6 所示。而在掌子面前方，治理段内预留长度转化为下一循环的与前方隐患区相邻的过渡区，另一段作为本循环的真正的开挖段，在许多人看来这样造成了较大的浪费，有些学者还从力学上或经验上予以估算，坚持认为只要前方岩盆保持有 6～8 m，就是安全步距，这种将硬岩的经验带到低水压砂岩隧道、混合岩隧道来，是不适合的，极其错误的。

对于低水压砂岩隧道、混合岩隧道，每一治理循环中，确保预留一个修正开挖最小预留长度段落作为人工构建的安全保障段，另一段作为开挖段，小段掘进，小步前进，过程中才可能不发生灾害及次生灾害，稳步推进，才是最经济、总体进度最快、最安全的做法。

(3) 合适的断面加固厚度

低水压砂岩隧道或混合岩隧道，断面围岩情况相对均一，隧道等效断面各分区的 J 值比较相近，断面 G 值大，引排水效果不好，可注性差，围岩加固效果不佳，倘若不适当增加隧道断面加固厚度，则治理后断面 G 值仍然不合格，没有形成非突涌隐患区、过渡区、突涌隐患区的排列次序，显然，一旦开挖就会遇到问题和困难。

(4) 有效控制净空变形速率的措施

除了有合适的治理长度、断面加固厚度外，实施控制净空变形速率过大的措施也十分关键。

例如，将隧道断面分开区域开挖的办法，如 CRD 法、双侧壁开挖法等，开挖半径小，相当于治理断面加厚了；二衬必须紧跟，二衬尽可能靠近开挖面后，增加了隧道支护抗力，全塑性区发展速度就下降，净空变形和围岩变形速率就相应大幅下降，根据经验，兼顾施工作业和变形控制的需要，二衬适宜与掌子面距离为 2～2.5 倍隧道开挖宽度。

(5) 防止陷入恶性循环

净空变形过大并侵限需要换拱,注浆平台隆起和止浆墙开裂而被迫中断注浆,注浆过程出现异响,注浆、初支、仰拱、二衬、排水等施工工序组织出现交叉冲突,经常出现塌方、突涌灾害,作业区泥泞不堪,作业区空间小限制作业效率,量测、勘察、设计延误或采集不到可靠数据等,导致施工组织顾此失彼,实际构建突涌过渡区不完整,陷入了恶性循环,反复在小范围内出问题,推进缓慢,是该类隧道施工工期特别长的另一原因。

同样的道理,非低水压砂岩隧道或混合岩隧道,只要是突涌隐患区较长,一个治理工作循环还不能消灭全部突涌隐患区,就得人工构建突涌过渡区,以确保下一个治理工作循环的安全与顺利。

4.6 突涌灾害暴发前后过渡区的人工构建

上述确定或构建过渡区的正向分析法和反向分析法不同程度地适用于突涌灾害暴发前后或暴发当中的处置,以减少、减轻突涌灾害造成的损失,乃至遏制住突涌或者避免灾害发生。

1. 突涌灾害暴发前

突涌灾害发生前,尤其是特大灾害暴发前,一般会出现一些灾前预兆。例如,开始是渗水涌浆,再是裂隙或钻孔喷水,并伴有围岩异响;拱部掉粒、掉块,先是滴状稀稀拉拉,再成线状淅淅沥沥,最后成筛糠状掉落;隧道净空变形速率急促增大,初支剥落、掉块,工字钢出现脆响。总之,出现了种种异常情况。

这时需要采用反向分析法,凭经验与量测数据判断目前的阶段是处于灾前预兆的哪一阶段,以及判断危险的严重程度。若是处于灾前预兆的前期或中期,危险程度在能够接受的程度,宜组织抢险,以减轻灾害威胁与损失,甚至避免灾害发生,主要办法如下。

(1) 若判断前方隐患区为IV-2、IV-3、V-3类型的突涌地层,适合重力式排水,应迅速采取加固隧道轮廓(包括初支、裸洞、掌子面)的办法,并钻孔引排水,这相当于增加过渡区的长度,增加缓冲区域,进而降低灾害危险。

(2) 若判断前方隐患区为VI-1、VI-2、V-1、V-2、IV-1类型的突涌地层,重力式排水不明显,如采取的是钻爆法施工时,应组织人员堆叠砂袋、碎石袋,全断面封闭裸洞,对堆叠物及初支采取支撑措施,在3～5 h完成这些工作,可以遏制突涌发生。这种做法也相当于增长了过渡区,减轻了突涌风险。

2. 突涌灾害暴发当中

当突涌灾害暴发已不可避免,应予以启动应急预案,进行安全避险,在安全地带进行密切观察与观测,确认保证安全的情况下,或可接受的安全条件下,宜采取如下措施,以减弱突涌灾害或加快灾害结束进程时间。

1) 以涌水为主的突涌灾害

创造排水条件,尽可能避免掌子面被泡浸,泄水后,掌子面附近的围岩水压降低,有可能由突涌隐患区转化为过渡区。

2）以突泥为主的突涌灾害

根据对泥流体的观测，在适合的地方设置阻拦和支挡墙，让泥流体中的粗颗粒逐渐堆积，最后堆积到溃口，减缓突涌。这是将突涌核心区缩小的办法，也相当于累积了过渡区的长度。

3）突泥涌水灾害

结合以上两方面的情况，既要设法排水，也应在适合的地方设置阻拦和支挡墙，以阻拦流塌体，让粗颗粒、石块滞留与堆积，自然逐渐封堵溃口。

3. 突涌灾害基本结束后的灾害清理

突涌灾害结束后，要进行适当的清理工作，为全面治理打基础，宜使用反向分析的办法，辅助灾后处置。

1）以涌水为主的灾害

(1) 涌水明显减弱的，经进行仔细量测，隧道各段及溃口处没有过大的变形，变形已趋于稳定的，判断水压减小后，溃口段自然形成过渡区，有一定安全保障，可以在严密观测下进行泥石堆积体的清理，甚至推进到溃口，采取措施封闭加固溃口段。

(2) 涌水减弱有限并且涌水量较大的，宜实施迂回导洞排水，将正洞的涌水降至 0.5 MPa 以下甚至更小，参考(1)封闭加固溃口段。

2）以突泥为主的灾害

(1) 隧洞积淤较多，远离溃口处较远，积淤接近充满隧道断面，且长度较长的，宜采用迂回导洞的办法，治理溃口处，将溃口处转化为过渡区，确定再次暴发突涌的可能性较低的情况下，才开展隧道积淤的清理。

(2) 隧洞积泥较少，粗颗粒较多，堆积长度短，除溃口附近外，其他地段堆积深度不足隧道高度的 1/3，甚至在溃口处也不堆满溃口的，在保证溃口正常排水的情况下，采取措施先封闭加固溃口，然后再清理积泥。

3）突泥涌水灾害

在保证疏水正常的条件下，参考以上两种办法处治。

4. 灾后治理的前提

重构过渡区，为治理工作提供安全的平台。

5. 在溃口附近多次暴发突涌的经验教训

1）治理长度过短开挖长度过长

治理前，没有考虑治理长度应包括计划开挖长度和预留的安全可靠长度；治理后，开挖长度过长，没有足够的预留安全长度。

2）断面治理范围过窄

突涌暴发后，溃口处附近的围岩变形过大，内部围岩结构较松散，裂隙扩张，围岩强度较低，含水量大，有一定的水压，J 值高，经过治理后，即使治理范围的 J 值已变为非灾害类别，但治理体外围的各分区的 J 值变化不大，导致隧道等效断面内的 G 值仍然大于 64%，属于突涌隐患区，没有根本转变为非突涌隐患区或过渡区。

因此，治理长度，首先应穿过塌陷区，还应考虑治理长度（拟开挖掘进长度+过渡区最低保有长度）。治理断面厚度，应接近第二层圈的范围；治理效果，宜使隧道等效断面 G 值小于 64%，或至少保证 G 值为较低水准的数值。

综上所述，隧道突涌灾害暴发前后抗灾经验表明，过渡区的人工构建是防灾减灾的重要步骤。

4.7 突涌单元分析区的确立方法与路径

突涌分析区的确立，是将突涌模型概念转化为工程设计图的必行之路，是治理工作的第一步，是构建过渡区和安全防范的前提。

超大埋深、大埋深隧道的水文地质段一般差异明显，各突涌分析区的突涌烈度相应地出现明显区别，以该类隧道为例，阐述确立单元分析区的路径，其他埋深隧道的过渡区，确立路径也大同小异。

4.7.1 超大埋深、大埋深隧道的典型代表

1) 超大埋深隧道

隧道埋深超过 1 000 m 的隧道，可以称为超大埋深隧道，该类隧道存在诸多类型的灾害隐患，如岩爆、瓦斯、突涌等，其中，突涌灾害是最为常见且影响最大的灾害，对这类灾害或隐患的治理，最能体会到确立突涌分析区的重要性。

埋深超过 1 000 m 的隧道，数量较少，主要分布在我国的西部省区。其中，最著名的是锦屏电站建设项目的系列隧道，包括公路隧道、电站输水隧道、服务隧道等，大部分隧道埋深均超过 1 000 m，个别超过 3 000 m，这些隧道中以锦屏山隧道最为出名。

锦屏山隧道突涌灾害主要发生在靠近主干断裂带的段落，突涌形态以涌水为主。涌水规模宏大，如下情况是陈益、苏刚锋、陈敏的合著论文《锦屏山隧道西端高压大流量地下水处理技术》(2011)中的一段。

"初始出水水压为 6～8 MPa，最大涌水量为 15.6 m^3/s，10 余天后，压力降到 2 MPa，流量减至 0.1 m^3/s；T_2b 白山组大理岩洞段主要为溶蚀裂隙或小型溶洞及岩溶管道出水，特点是'出水带宽，连续，空间分布广，压力与流量衰减较快，且到一定程度后时间稳定'，其单点突涌水为 0.15 m^3/s，瞬间压力为 4～5 MPa，射程为 45～50 m，水雾化，而单点突水 0.70 m^3/s 的稳定后的压力为 1.2 MPa；在强富水段单点稳定流量在 0.030～0.10 m^3/s，每 30 m 连续洞段总涌水达 1.0 m^3/s。"图 4.7 反映了涌水的情况（黄均林 等，2010）。

图 4.7　锦屏隧道突水涌水情况

除洞口段的围岩强度较低外，中间地段的围岩强度均较高，轴心抗压强度普遍在 60～120 MPa，最大值达到 210 MPa。突涌灾害普遍发生在围岩强度为 60～120 MPa 的地段(陈益等，2011)。

2) 大埋深隧道

隧道埋深在 500～1 000 m 的隧道，称为大埋深隧道，全国各地普遍存在，但仍以西部省区居多。

与超大埋深隧道相比，大埋深隧道的水压将大幅下降，如无地应力异常导致水压异常的特殊情况，水压普遍为中等常见高水压；围岩强度也下降较多；突涌形态将由以涌水为主转为涌水突泥。

(1) 大瑞铁路大柱山隧道燕子窝断层区段

大理至瑞丽铁路的大柱山隧道，穿越云南高原西部边缘、横断山脉中南段，坡陡谷深，悬崖峭壁，地形起伏大，属于中低山地构造剥蚀地貌，水文地质复杂。

该隧道于 2008 年动工，至 2017 年已历时 9 年，大柱山隧道项目经理部在各网站上的宣传资料预计仍需 4 年即 2021 年才能贯通，施工时间将长达 13 年，是中国“最难隧道”。燕子窝断层位于隧道进口端地段，隧道约在平导 PDK111＋860、正洞 D2K111＋700 与断层相交，断层段约 156 m，为玄武岩与灰岩、白云岩接触带的正断层，岩层产状凌乱，牵引褶曲、小断裂发育，围岩呈角砾状。施工者历经 26 个月的努力，才通过 156 m 的断层带。

测量水压为 0.35～1.3 MPa。靠近断层带外层的围岩为黑色基色岩石，是以玄武岩为基质的混合岩，强度为 40～60 MPa；断层带外层的围岩强度为 15～26 MPa；断层带核心部腔洞的围岩接近为土体，强度较低(肖广智，2015)。

(2) 台湾雪山坪林大埋深隧道

台湾北宜高速公路的雪山坪林隧道，全长 12.9 km，由两条主隧洞和中间的导坑隧洞组成。主洞于 1993 年 7 月开工，计划于 1999 年完工，实际 2003 年才贯通。

台湾雪山坪林大埋深隧道最大埋深 720 m，存在 6 条主要断层，地下水丰富。西半段，岩性主要为砂岩、页岩、硬质页岩及砂岩互层，岩性较好；东半段，主要为硬质页岩及四凌砂岩，岩质较破碎。

测量得到最大水压为 1.8 MPa。四凌砂岩强度为 148～164.5 MPa。接近断层的围岩强度为 31.6～54.7 MPa，靠近断层强度逐渐减弱(王梦恕 等，2010)。

4.7.2 突涌分析区确立的路径 1——正向分析法

第 1 步，先确定显著的突涌隐患区和非突涌隐患区。如图 4.8 所示，显著的非突涌隐患区(A-A 左侧、B-B 右侧)是水文地质条件较显著的区域，A 与 B 之间的区域，可能是过渡区与突涌隐患区。获取显著区域的围岩强度和水压数据，计算突涌烈度，确立水文地质条件显著的非突涌隐患区。

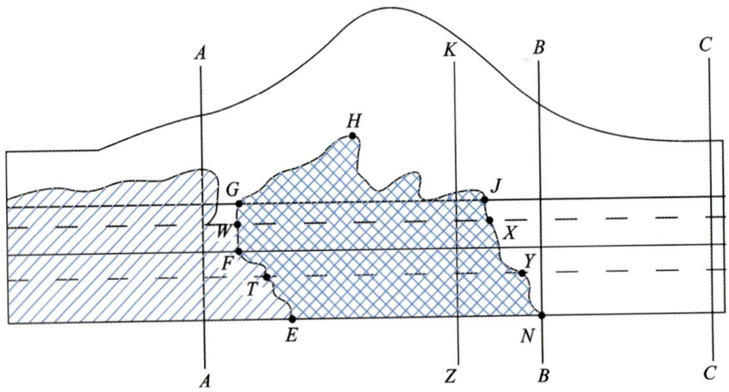

图 4.8 显著区中间的区域勘察

第 2 步，详细勘察中间区域，重点是地层分界带的范围，获取该区域内的围岩强度和水压数据，计算突涌烈度，推断过渡区和突涌隐患区，推断与过渡区邻近的隐患区分区，计算分区 $G_{隐1}$。

第 3 步，计算修正开挖最小预留长度，确定修正开挖最小预留长度两端的桩号位置。

第 4 步，确定排水方式。根据隧道正洞的非突涌隐患区、过渡区、突涌隐患区的情况，确定排水方式的办法。例如，锦屏隧道采用高位、中位、低位迂回导洞排水，致使正洞的过渡区、突涌隐患区条件发生改变，从而使各突涌分析区出现较大变动，尤其是突涌隐患区发生根本变化。

台湾雪山坪林隧道、大柱山隧道采用迂回导洞排水，改善了正洞的水文地质情况，突涌分析区也出现较大变动。

第 5 步，开展反向分析。在施工全过程，发现异常情况，开展反向分析，调整各突涌分析区的认定。

上述确定各突涌分析区的分析路径，属于正向分析。见表 4.8，可用具体隧道为例，辅助说明与表述。

表 4.8　正向分析确定隧道突涌分析区

步骤	突涌分析区	锦屏隧道工况 1（泄水释能前，初始水压力 6～8 MPa，泄水释能后，稳定水压力 2.0 MPa）	台湾雪山坪林隧道	大柱山隧道燕子窝断层
第 1 步	推定显著的突涌隐患区	断层核心腔洞：迂回导洞泄水前，$J_{1\text{-}1}=8/60\approx1.3/10$，突涌形态为 V 类，属于灾害类别 或用 $G_1>64\%$ 进行判断	断层带核心部：迂回导洞泄水前，水压为 1.8 MPa，围岩强度低于 31.6 MPa $J_{1\text{-}1}=1.8/31.6\approx5.6/100$，突涌形态级别为 IV 类，属于灾害类别 或用 $G_1>64\%$ 进行判断	断层带核心部：迂回导洞泄水前，水压为 1.3 MPa，围岩强度低于 15 MPa。$J_{1\text{-}1}=1.3/15=8.6/100$，突涌形态为 IV 类，为灾害类别 或用 $G_1>64\%$ 进行判断
	推定显著的非突涌隐患区	远离断层带：$J_3=P_{水3}/210<10^{-3}$，则 $P_{水3}<0.21$ MPa 时，或 $G_3<0$，即为非突涌隐患区	远离断层带：$J_3=P_{水3}/148<10^{-3}$，则 $P_水<0.148$ MPa 时，或 $G_3<0$，即为非突涌隐患区	远离断层带：$J_3=P_{水3}/60<10^{-3}$，则 $P_{水3}<0.06$ MPa 时，或 $G_3<0$，即为非突涌隐患区
第 2 步	详查中间区	断层带外层：迂回导洞泄水前，若 $J_{2\text{-}1}=P_{水1}/120>10^{-2}$，$P_{水1}>1.2$ MPa，或 $G_{1\text{-}2}>64\%$，仍为隐患区，即是隐患延伸区 没有天然的过渡区	断层带外层：迂回导洞泄水前，部分水压小于 0.5 MPa $P_{水1}<0.5$ MPa $J_{2\text{-}1}=0.5/54.7\approx9/1\,000>10^{-3}$，或 $G_{1\text{-}2}<64\%$，为过渡区	断层带外层：迂回导洞泄水前，若 $J_{2\text{-}1}=P_{水2\text{-}1}/26>10^{-2}$，$P_{水2\text{-}1}>0.26$ MPa 或 $G_{1\text{-}2}>64\%$，仍为隐患区，即是隐患延伸区 没有天然的过渡区
第 3 步	指定过渡区及修正开挖最小预留长度	中间段，在迂回导洞泄水前，全部是隐患区，因此，需要将非突涌隐患区的一段值为过渡区，并修正开挖最小预留长度 L_1	中间段，在迂回导洞泄水前，部分是隐患区，部分是过渡区，可推定修正开挖最小预留长度 L_1 和桩号位置	中间段，在迂回导洞泄水前，全部是隐患区，因此，需要将非突涌隐患区的一段值为过渡区，并修正开挖最小预留长度 L_1
第 4 步	确定排水干预环境办法——迂回导洞排水和正洞内再排水降压	断层核心腔洞：迂回导洞泄水后，$J_{1\text{-}2}=2/60\approx3.3/100$，突涌形态为 IV 类灾害，已降级，但仍属于灾害类别 断层带外层：假设 $P_{水2\text{-}2}$ 降至 0.5 MPa 以下，则 $J_{2\text{-}2}=0.5/120\approx4.2/1\,000$，级别为 III 级，非灾害级别，过渡区已变动 正洞内再排水降压，过渡区、隐患区进一步变动	断层核心腔洞：迂回导洞泄水后，$J_{1\text{-}2}=0.5/31.6\approx1.5/1\,000$，突涌形态仍为 IV 类灾害，强度略降 断层带外层：假设 $P_{水2}$ 降至 0.1 MPa 以下，则 $J_{2\text{-}2}=0.1/54.7\approx1.8/1\,000$，为 III 类，中间段全部变为过渡区，过渡区、隐患区已发生变动 正洞内再排水降压，过渡区、隐患区进一步变动	断层核心腔洞：迂回导洞泄水后，$J_{1\text{-}2}=0.35/15\approx2.3/100$，突涌形态为 IV 类，未降级，仍属于灾害类别 断层带外层：假设 $P_{水2\text{-}2}$ 降至 0.2 MPa 以下，则 $J_{2\text{-}2}=0.2/26\approx7.7/1\,000$，为 III 类，由隐患区变为过渡区 正洞内再排水降压，过渡区、隐患区进一步变动
第 5 步	施工开展反向分析	在施工过程发现异常情况	在施工过程发现异常情况	在施工过程发现异常情况

4.7.3 突涌分析区的确立路径 2——反向分析法

第 1 步，观测并发现异常。隧道在进行开挖、钻孔作业，或爆破作业完成后，观察并发现掌子面存在掉粒、掉块、钻孔喷水或裂隙射水、掌子面局部发生小型突涌、隧道净空变形速率加速等异常情况。

第 2 步，推断目前作业区的性质。根据水体喷距估计水压，估计当前作业区的围岩强度，匡算突涌形态源系数，估计目前作业区突涌隐患级别。或根据发生的小型突涌灾害的形态，结合图 2-30 突涌地质块细分区图，估计地质突涌源形态类别。

第 3 步，推断隐患区距离和过渡区剩余长度。采取应急措施后，在确保安全的前提下，向前勘察，推断隐患区及其距离掌子面的距离，推断过渡区剩余长度，估算危险程度。

第 4 步，采取临时措施，增大过渡区。由于隧道处于危险当中，采取临时措施，增大过渡区。例如，钻孔排水，掌子面堆叠砂袋或加固掌子面等办法。

第 5 步，开展正向分析。开展正规勘察和正向分析，重点摸清过渡区、突涌隐患区的情况，确定干预隧道环境的办法，开展修正设计。

上述确定各突涌分析区的分析路径，属于反向分析。见表 4.9，可用具体隧道为例，辅助说明与表述。

表 4.9 反向分析确定突涌分析区

步骤	突涌单元段	锦屏隧道工况 1 （泄水释能前，初始水压力 6～8 MPa，泄水释能后，稳定水压力 2.0 MPa）	台湾雪山坪林隧道	大柱山隧道燕子窝断层
第 1 步	观测并发现异常情况	掌子面掉粒、掉块，钻孔出现喷水或裂隙射水，或发生了小型突涌灾害等异常情况	掌子面掉粒、掉块，钻孔出现喷水或裂隙射水，或发生了小型突涌灾害等异常情况	掌子面掉粒、掉块，钻孔出现喷水或裂隙射水，或发生了小型突涌灾害，或隧道净空变形速率异常
第 2 步	推断目前作业区的性质	勘察获得当前作业区的水压和围岩，估算 $J_{3\text{-}1}=P_{水3\text{-}1}/120$，判断属于什么突涌形态类别	勘察获得当前作业区的水压和围岩，估算 $J_{3\text{-}1}=P_{水3\text{-}1}/54.7$，判断属于什么突涌形态类别	勘察获得当前作业区的水压和围岩，估算 $J_{3\text{-}1}=P_{水3\text{-}1}/26$，判断属于什么突涌形态类别
第 3 步	推定隐患区距离和过渡区剩余长度	断层核心腔洞：迂回导洞泄水后，$J_{1\text{-}1}=2/60\approx3.3/100$，突涌形态为 IV 类，属于隐患区 断层带外层：假设 $P_{水2\text{-}1}$ 降至 0.5 MPa 以下，则 $J_{2\text{-}1}=0.5/120\approx4.2/1\,000$，为 III 类，属于过渡区，但掘进部位或许太靠近隐患区	断层核心腔洞：迂回导洞泄水后，$J_{1\text{-}1}=0.2/31.6\approx6.3/1\,000$，突涌形态为 III 类，已降级，不属于隐患区，单元段性质已改变 断层带外层：假设 $P_{水2\text{-}1}$ 降至 0.1 MPa 以下，则 $J_{2\text{-}1}=0.1/54.7=1.8/1\,000$，为 III 类，属于过渡区，有异常情况说明掘进部位太靠近隐患区	断层核心腔洞：迂回导洞泄水后，$J_{1\text{-}1}=0.35/15\approx2.3/100$，突涌形态为 IV 级灾害，未降级，仍属于隐患区 断层带外层：假设 $P_{水2\text{-}1}$ 降至 0.2 MPa以下，则 $J_{2\text{-}1}=0.2/26\approx7.7/1\,000$，为 III 类，属于过渡区，有异常情况说明掘进部位太靠近隐患区
		勘察过渡区的剩余长度 L，计算危险程度 W	勘察过渡区的剩余长度 L，计算危险程度 W	勘察过渡区的剩余长度 L，计算危险程度 W

续表

步骤	突涌单元段	锦屏隧道工况 1（泄水释能前，初始水压力 6～8 *MPa*，泄水释能后，稳定水压力 2.0 MPa）	台湾雪山坪林隧道	大柱山隧道燕子窝断层
第 4 步	采取临时措施，增大过渡区	根据 *W* 的大小，视具体情况加固掌子面	根据 *W* 的大小，视具体情况加固掌子面	根据 *W* 的大小，视具体情况加固掌子面
第 5 步	开展正向分析	开展正向分析	开展正向分析	开展正向分析

4.7.4　确立突涌分析区的实践经验总结

1）正向分析和反向分析需要交叉使用

正向分析和反向分析都是将突涌模型转化为工程设计图的手段。

正向分析既可以使用于设计阶段，也可以使用于施工阶段。反向分析一般只使用于施工阶段，以弥补正向分析的不足。

在隧道开挖施工前，通过区域构造带的调查、勘察与分析，可以推断构造带与隧道靠近、交叉的大致位置，但不是十分准确，又由于埋深大，即难以较准确地确定隐患区集中段，也难以较准确确定过渡区。因此，开挖施工后，发现异常，应使用反向分析予以纠偏。在整个施工过程，应反复交叉使用这两种方法，以较全面、较准确地弄清复杂的水文地质情况。

2）关于排水干预环境

排水改善隧道环境的水文地质条件，是最经济、最有效的办法，尤其是重力式排水，能够将过渡区、突涌隐患区较快地转变。其他治理措施宜放置于排水措施之后，因此，把排水环节作为突涌分析区确立的重要步骤之一。

突涌腔洞型孕灾构造和突涌裂隙型孕灾构造，如果其隐患源分布范围大于甚至远远大于隧道断面，使得隧道等效断面突涌烈度值较高，重力排水有效，将可能根本改变隧道某段落的水文地质条件，从而使隧道等效断面突涌烈度较快下降。迂回导洞加钻孔泄水方案是常常需要考虑的主要方案，当水压较高、水量较大时，还要考虑高位、中位、低位泄水洞的多层面设置。

外部排水干预环境后，效果或许未完全达到，就需要在隧道内部（等效断面内外）增加排水措施，干预环境，更好地改变隧道环境条件。

3）确立过渡区至关重要

如果自然界有天然过渡区，并且过渡区长度较大的，确立过渡区，并推断修正开挖最小预留长度及其两端的桩号位置。

天然过渡区较短或没有天然过渡区的，需要人为指定过渡区，并推断修正开挖最小预留长度及其两端的桩号位置。

推断修正开挖最小预留长度及其两端的桩号位置，并在施工中予以遵守不超挖的规定，是防范突发突涌灾害的关键工作。

过渡区(包括天然与指定)的位置,往往分布在地层交界带之中,正向分析与反向分析均要特别对地层交界予以留意。

综上所述,可见突涌分析区的确立是一个动态的过程,从设计开始,延续到施工,直到将突涌隐患区全部消灭,贯通隧道,才完成建设阶段的使命。

第 5 章　隧道突涌形态分析法的综合运用

为了预防突涌灾害的发生，或减轻突涌灾害暴发而带来的损害，需要在设计与施工阶段乃至隧道运营阶段综合运用隧道突涌形态分析法，遏制与治理突涌隐患，以达到抗突涌的目的。

本章所述的综合运用，主要是指如何使隧道突涌形态分析法落地生根，明确在勘察、设计、施工、营运等阶段应当开展的工作，以满足识别、分析、治理与评价突涌的需要。

5.1 围岩抗压强度与水压的测量

突涌源形态系数 J 涉及水压与围岩强度，是突涌分析的基础，下面介绍如何在实际勘察工作中获得水压和围岩强度的数据。

1. 获取数据的两类时段及勘察场所

1）隧道未开挖前

（1）地表。采用由地表向下的钻探、坑探、无损探测，或采取混合方式，实施相关试验，提取有关数据。

（2）隧道进出口端。未开挖掘进时，在隧道进出口端，通过水平钻探或适当开挖坑探或无损探测或混合的方式向隧道段探测，并实施相关试验，提取有关数据。

2）隧道开挖后

（1）隧道开挖后，在掌子面，通过水平钻探或适当开挖坑探或无损超前预报或混合的方式向未掘进地段探测，并实施相关试验，提取有关数据。

（2）特殊情况下，在地表再补充勘察。

2. 岩石轴心抗压强度

通过如下勘察方式或试验方法获取岩石轴心抗压强度。

（1）对于破碎程度不严重的岩石体，钻探或坑探取岩样，制作成标准试件，通过压力机压载试验获得。

（2）对于较破碎但未成泥的有粗颗粒的岩石，通过点荷载试验获得轴心抗压强度。

（3）通过弹性波或其他无损检测方法，转换推算轴心抗压强度。

（4）通过类似地基承载力试验的方法，将承载力换算为轴心抗压强度。

（5）通过动力触探的方法，将触探击数转换为轴心抗压强度。

（6）其他经验方法。例如，1993 年 Singh 通过统计，提出了岩体质量分类值 Q 与抗压强度 R_C 的经验公式：$R_C=0.7\rho Q^{1/3}$，ρ 为岩体重度，单位为 kN/m³。也是在 1993 年，Aydan 给出了岩体弹性模量与抗压强度的关系：$E_m=80\ R_C^{1.4}$，E_m 和 R_C 的单位为 MPa（高谦 等，2011）。

3. 土体轴心抗压强度

土体是呈现出块体或接近散体的极易变形的围岩，难以直接测试得到围岩轴心抗压强度，普遍以剪切试验测试得到抗剪强度以表示其强度。有些研究者尝试建立抗剪强度与轴心抗压强度的关系，积累了部分经验，但是未获得成功。

为了把土体的强度转换为围岩轴心抗压强度，实现岩石、土体的强度指标的统一，国内外学者提出了如下主要办法。

1）坚固系数法

苏联普洛托季雅柯诺夫父子制定了一套测试集围岩(包括岩石和土体)坚固系数的测试方法,以及换算成围岩轴心抗压强度的方法。通过开展大量测试,拟合试验数据建立坚固系数与围岩轴心抗压强度的关系,该方法得到各界的广泛认可,由此坚固系数被称为普氏强度。但是由于此方法换算得到的围岩轴心抗压强度比实际岩心试件的试验强度偏高,后被土木工程界冷落。

2）承载力转换法

受到坚固系数法的启发,土木工程界提出了通过承载力试验换算软弱地基土体轴心抗压强度的办法,轴心抗压强度与承载力的关系为:$\sigma=\psi R$,σ 为围岩地基承载力特征值,R 为饱和单轴抗压强度标准值,ψ 为折减系数,破碎软弱围岩 ψ 取 0.1～0.2,一般取 0.1。表 5.1(彭立敏 等,2009)的数值为我国土木工程界总结的经验数据。

表 5.1　各类岩石、土体饱和抗压强度(R)与允许承载力(σ)的经验值

<table>
<tr><th>围岩级别</th><th>围岩类型</th><th>R/MPa</th><th>σ/MPa</th><th>说明</th></tr>
<tr><td>I</td><td>岩石</td><td>>60</td><td>>6</td><td rowspan="22">1. 岩石类中,易软化的岩石和小于5 MPa的岩石受水浸泡时,宜用较低值
2. IV围岩中,略具压密或成岩作用的土是指密实或略具有胶结的有层状结构的砂性土或黏性土
3. 本表数值不适用于湿陷黄土和冻土
4. 各种土的σ,一般应按《公路桥涵设计规范》有关规定确定。对于土多砂少的土夹石,由于石不起骨架作用,其应以土的塑性状态和孔隙比并适当考虑石的含量来确定,一般含水量少夹石多的选大值,夹砂含水量大的选小值
5. 表中的R与σ,如需要时可近似地按10倍关系换算为kgf/cm² 单位的值
6. 软土的σ数值出自《公路桥涵地基与基础设计规范》(JTG D63—2007)</td></tr>
<tr><td rowspan="2">II</td><td>硬岩</td><td>>30</td><td>>4</td></tr>
<tr><td>软岩</td><td>30左右</td><td>1.5～3.0</td></tr>
<tr><td rowspan="2">III</td><td>硬岩</td><td>>30</td><td>2.0～3.0</td></tr>
<tr><td>软岩</td><td>5～30</td><td>1.0～1.5</td></tr>
<tr><td rowspan="6">IV</td><td>硬岩</td><td>>30</td><td>1.5～2.0</td></tr>
<tr><td>软岩</td><td>≤5</td><td>0.4～1.0</td></tr>
<tr><td>略具压密或成岩作用的土</td><td>0.7～2.2</td><td>0.3～0.9</td></tr>
<tr><td>老黄土</td><td>4～14</td><td>0.4～1.4</td></tr>
<tr><td>泥质胶结的碎、卵石土</td><td>11～1.5</td><td>1.1～1.5</td></tr>
<tr><td>大块、漂石土</td><td>8～13</td><td>0.8～1.3</td></tr>
<tr><td rowspan="8">V</td><td>成角砾、碎屑状岩石</td><td>2～6</td><td>0.2～0.6</td></tr>
<tr><td>一般黏性土</td><td>1.5～4.5</td><td>0.15～0.45</td></tr>
<tr><td>一般砂性土</td><td>2～3.5</td><td>0.20～0.35</td></tr>
<tr><td>一般卵砾石土(包括碎石、角砾石)</td><td>2～12</td><td>0.2～1.2</td></tr>
<tr><td>第四系(Q)以前的冲积、洪积黏性土和硬性土</td><td>3.5～6.5</td><td>0.35～0.65</td></tr>
<tr><td>残积土</td><td>2～3.5</td><td>0.20～0.35</td></tr>
<tr><td>土夹石</td><td>2～6.5</td><td>0.2～0.65</td></tr>
<tr><td>呈松软的角砾、砂泥状岩石</td><td><2</td><td><0.2</td></tr>
<tr><td rowspan="3">VI</td><td>软塑状黏性土及潮湿粉细砂</td><td><1.5</td><td><0.15</td></tr>
<tr><td>软土</td><td>0.1～0.4</td><td>0.01～0.04</td></tr>
<tr><td>其他</td><td>(略)</td><td>(略)</td></tr>
</table>

我国对各类土体的地基承载力的总结经验资料比较丰富，如黏性土、砂土、碎石土、老黏土、新近沉积黏土、残积黏性土、新近堆积黄土、一般新黄土、老黄土、多年冻土、软土等，积累总结有相应的容许承载力数据，可转换为轴心抗压强度。

3）其他方法

（1）波速特征转换法

土体以密实度分级，密实度对应密实、中等密实、松散三个形态。形态不同、含水量不同的土体都有其特有的波速特征，通过波速测试（物探方法）可以推测土体强度。同样，也可通过岩体波速特征测试推断岩石强度。表 5.2 表明围岩分级、抗压强度与纵波波速具有较好的对应关系（廖朝华 等，2012）。

表 5.2　纵波波速与围岩抗压强度对应情况

围岩分级	I 级	II 级		III 级		IV 级		V 级		VI 级	
轴心抗压强度/MPa	>60	>30（硬岩）	≈30（软岩）	>30（硬岩）	15～30（软岩）	5～15（软岩）	5～15（巨块土，密实）	<5（软岩）	1～5（土，中密）	1～5（土，中密）	0.4～1（土，松散）
弹性纵波波速/(km/s)	4～6	3.0～5.0	2.5～3.5	3.0～4.0	2.0～3.0	1.5～2.5	1.5～2.0	<1.5	<1.5	<2.0	<1.0

（2）触探试验击数转换法

对地基实施触探试验，依据经验公式将击数换算成承载力，再将承载力换算为轴心抗压强度（美国内政部垦务局，2012）。

4. 水压测量

地下水的水压力，可以采用测压仪测量，也可通过测量水位差来反算，或采用其他方法估算（徐智彬 等，2013）。

所有的水压测量方法都存在一个问题，即在具体某部位测量的水压数值或许是准确的，但是与未测量到的部位挂钩，则未必准确。

1）水位差估算法

采用水位差估算水压力的方法，是使用已测环境的数据来推算未测环境的数据，因此，凡是使用水位差估算的水压不一定准确。

水位差估算法常用于在隧道地表探测含水层，包括软质岩与普通土体含水层。

2）测压仪测量法

普通土体，如果不使用水位差估算水压，可用测压仪测量，直接埋入渗透压力传感器，通过渗透压力传感器采集水压信号，经过信号处理器转换后得到所测水压值（Hudak，2010）。

硬质岩石，常使用压水或压浆试验推算，通过水压致裂法测量水压（美国内政部垦务局，2012），在测量地应力的同时测量孔隙水压力，主要用于深部围压测量。

在隧道施工期间，对于水力影响半径较大的围岩（影响半径大于 25 m），可往洞内钻孔测压，安装水压表直接测量。水力影响半径较小的围岩，可用测压仪测量。也可以通过钻探结合物探积累经验，凭经验推算各类岩土的水压。

依据《孔隙水压力测试规程》(CECS55：93)，目前测试仪器灵敏度的最小允许误差为 0.01 MPa，即 0.01 MPa 以下的水压目前是测试不到的，暂且以 0.01 MPa 为围岩最低水压。0.01 MPa 数值以下的水压，要么是处于软土、淤泥之中，要么就是属于较干燥的范畴，研究更低的水压现阶段没有很大的意义。

目前，文献反映的罕见水压为 10 MPa，是锦屏电站隧道遇到的高水压，超过锦屏电站隧道埋深的隧道也许不会多见，所以研究更高的水压，没有很大的必要。

因此，本书研究的水压数值仅限在 0.01～10 MPa。

除了使用上述方法获取围岩强度和水压数据外，尚需结合下文所述的隧道突涌四步动态循环分析法，辅助采用其他勘察技术尽可能地描述清楚地质块水-岩环境，以修正围岩强度和水压数值。

5.2　设计与施工的突涌核心问题

隧道设计与施工是一个动态交互的过程，起于设计，在施工全过程相互交织进行，总目标是顺利贯通建成隧道。隧道突涌形态分析法服务于设计与施工阶段的抗突涌需求，从属于总目标。

隧道工程是一项多工序、多单位、多人员参与建设的项目，建设过程必须遵循一定的程序，规范地执行一些规定。例如，设计阶段要开展勘察与设计论证、评估与批准工作，施工阶段需做好施工准备、信息化施工、质量评定等，关键环节必不可少。

从隧道突涌的角度看，存在突涌隐患的隧道，在建设全过程可能存在 4 类时段：预设计时段、正常施工时段、发生突涌灾害时段、突涌灾害和隐患治理时段。如果施工过程不发生突涌灾害，则只有 3 类时段：预设计时段、正常施工时段、突涌隐患治理时段。

隧道建设全过程，4 类时段中每一时段的工作均与其他时段的工作既存在相同之处也存在差异之处，核心问题也一样，在差异性中也有共性，在有共性中存在差异，时常交结在一起。

1. 预设计时段

预设计时段又可以划分为两个分时段：方案比选及方案确定时段、详细设计时段。

公路、铁路及其他管线、管道，路基、桥梁、隧道等结构物的线路选址，存在多个方案时则需综合比较优选。对于隧道的突涌问题而言，在方案比选阶段，需要揭露突涌隐患，并进行定性与定量比较，优选后推荐并经过基本建设程序确定最终方案。那么，除了建设费用外，此时段的核心问题是：各个隧道的等效断面突涌烈度有多大，突涌隐患区段有多长。

最终确定线路方案后，即可开展详细设计，对于存在突涌隐患的隧道而言，此时段的技术核心问题是：突涌隐患区是哪一段，相邻的区域的状况怎么样。

2. 正常施工时段

隧道正常开挖施工中，未发生突涌灾害，正常施工。为避免未来可能发生突涌灾害，需要仔细阅读好设计文件，将设计与施工呈现的情况进行对比，要观测与发现异常情况并做出应对措施，此时段的核心技术问题是：突涌隐患区在什么位置，相邻的过渡区是什么状况，有没有预留有修正开挖最小预留长度。

3. 突涌灾害时段

由于各种原因，隧道突涌隐患最终诱发为灾害，为避免损失，需启动应急预案，预案行动的依据就涉及此时段的核心技术问题：灾害形态如何，突涌烈度有多大，避险还是抢险。

4. 突涌治理时段

存在突涌隐患的隧道，无论实际是否发生了突涌灾害，均需要开展突涌治理，这个时段又可划分为两个分时段：治理前的修正设计时段、治理后的质量评估时段。

治理前的修正设计时段，其核心技术问题是：隧道未开挖段落哪些段落是过渡区，哪些是隐患区，计划治理长度和开挖长度是多少。

治理后的质量评估时段，其核心技术问题是：治理后，前方隧道段落的突涌烈度是多少，治理质量是否合格，是否可以实施开挖工序，能开挖多长。

5.3 4时段核心问题的特点

综合上述4时段核心技术问题，发现具有如下特点。

(1) 虽然时段不同，但需要考虑与回答的问题是一样的，就是怎么勘察发现突涌隐患？怎么分析突涌隐患？怎么治理突涌隐患或灾害？怎么评价治理效果？具体落实这4个问题时，必须取得本时段的 P、R、J、Q、G、L 值，以及必须掌握之前或之后的 P、R、J、Q、G、L 值，比较后，做出下道工序的决策。

(2) 隧道每一段落均存在相应的 P、R、J、Q、G、L 值，干预环境后，P、R、J、Q、G、L 值就出现变化，其变化的结果是每一时段都要关注的关键指标。

(3) P、R、J、Q、G、L 值动态循环使用于发现、分析、治理、评价。

为了完成在这4类时段中的工作，充分利用设计、施工中调查、勘察中取得的基础数据，每一时段均需获取 P、R、J、Q、G、L 值，每一时段均需使用 P、R、J、Q、G、L 值进行相应的分析工作，以实现对隧道突涌的发现、分析、治理、评价，这一系列的隧道突涌形态分析法的综合运用，在整个建设期形成了一环紧扣一环的规则与方式，称为隧道突涌四步动态循环分析法。

5.4 预设计时段

预设计包含了勘察和设计两项主要工作，为施工提供基本方案，但是这时段的工作只是提供了一个设计基础方案，并非定案，在施工阶段，勘察仍需持续，若施工勘察发现水文地质情况与预设计阶段的情况有差异，或者施工扰动导致了新的情况，修正设计不可避免，设计工作需要持续开展。

完善的预设计可以大幅减轻后期的施工勘察与修正设计工作量。因此，在预设计时段使用隧道突涌形态分析法发现、分析及考虑突涌隐患治理，就可以尽可能地减少施工停顿，为顺利施工打下坚实基础。

1. 第一时段的两大任务

1）隧道选址多个布设方案的比较

在平面线路设计时，做出两个或两个以上的方案，每一个平面线路方案的纵线线位的设计至少有上、中、下三个纵线方案，各自平面方案的纵线方案进行比较得出纵线推荐方案，然后再进行平面方案的对比，最终得到选定方案。

这样的比较将有助于更好地获得更可行的方案。这其中方案比选的关键指标是技术可行性与经济可行性。

在突涌问题方面，对比技术可行性，主要是对比各自方案的隧道等效断面突涌烈度 G 和突涌隐患区的长度，择优推荐。而对比经济可行性，主要是对比隧道断面突涌烈度 G 和突涌隐患区的治理而需投入的费用。

简要地讲，方案比选的阶段就是要估算各方案中隧道段的隐患区的长度、J 值、G 值，以及估算建造费用，择优推荐与确定方案。隧道突涌形态分析法在此起到将隧道隐患程度予以量化的作用，为设计者和评审者提供量化的可比较的指标，以供方案取舍决策。量化了隐患程度后，又确定了隐患区长度，建造费就相对容易估算了。

2）勘察与设计深化

最终选定选址方案后，重点工作是深化勘察与设计，保障预设计的可靠性。一是，争取较可靠地确定突涌隐患区、过渡区、非突涌隐患区的分界，避免在施工中过早或提前接近突涌隐患区而没有预设计的处治方案，这就需要对突涌隐患区与过渡区深化勘察；二是，在深化勘察后的设计调整与优化。

简要地说，选址定案后的详细设计时段，主要是微调路线平面或纵面，缩短隧道隐患区的长度，减小 J 值与 G 值，减轻风险和减少建造费用，同时，与方案比选时段比，多了一个工作，就是找出过渡区，对过渡区与隐患区做一体化治理设计。

在此，隧道突涌形态分析法的指导思想是：给隐患区和过渡区定位，为施工提供比较准确的预警桩号位置。这与第4章所讲单元分析区的正向分析确立路径一致。

2. 方案比选示例

1）无效的平面布线比较

如图5.1所示，某设计单位在进行隧道平面布线设计时，设计了B和C两个平面线路隧道选址方案。这两个平面方案的突涌灾害隐患区的路线段落完全重合。

假设B和C两方案在突涌灾害隐患区的线位高程差异不大，那么，这两方案的突涌灾害隐患区的突涌指标接近相同：P、R、J、Q、G、L 值。那么，这样的预设计就没有达到选择更优的平面方案的目的。

B和C两方案这样的比较，是无效的比较，非真正的平面比较，改正的方法是：增加其他平面设计方案，如在图5.1上增加A平面线路隧道选址方案。

2）有效的平面布线比较

例如，图5.1中平面A与平面C的选址路线方案，各自的突涌隐患区如图5.1中的方框中的路段。仅从地形图上看，就可以预测到这两个方案的 P、R、J、Q、G、L 值将有较大的不同，实际也会存在差异，因为这两个平面线路相差较大，相距较远。比较后，最终选定突涌问题相对小的方案。

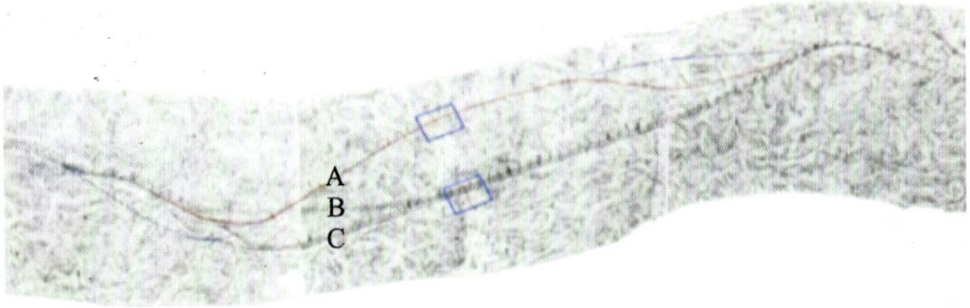

图 5.1　路线平面线位布设比较方案

对平面 A 与平面 C 这样的平面布线比较是真比较。

3）无效的纵面方案比较

如图 5.1 所示，如果 B 与 C 平面方案的纵面高程接近相同，那么，它们的 P、R、J、Q、G、L 值也接近相同。这样的纵面设计比较也是伪比较，是无效的比较。

4）有效的纵面方案比较

（1）多方案比较说明

如图 5.1 所示，对 A 和 C 平面方案的纵面进行比较。

A 平面方案经过突涌隐患区在纵面设计时至少有 3 个方案：上位线、中位线、下位线，如图 5.2 所示。

同样，C 平面方案也至少有 3 个纵面方案，如图 5.2 所示。

那么，A 和 C 平面方案的纵面比较，至少有 6 个方案。

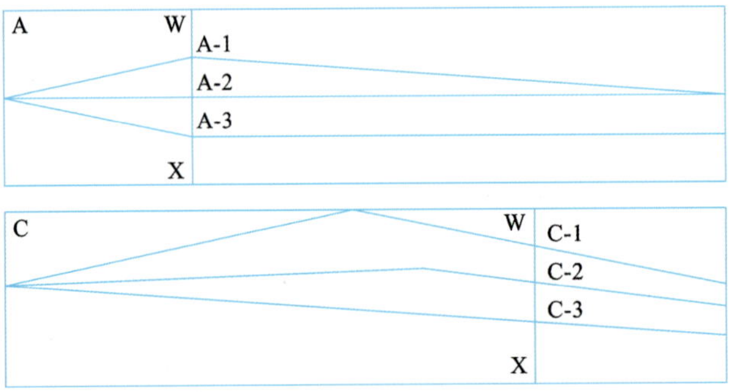

图 5.2　A 平面方案与 C 平面方案分别至少有上、中、下 3 个纵面方案

注：图中 WX 为存在突涌隐患的危险断面。

（2）A 平面方案中的 A-1 断面方案的突涌指标，$G=(3.38-7.86)/7.86=-57/100$，如图 5.3 所示。

（3）A 平面方案中的 A-2 断面方案的突涌指标，$G=(11.81-7.86)/7.86=50/100$，如图 5.4 所示。

图 5.3　A-1 断面的突涌图

图 5.4　A-2 断面的突涌图

(4) A 平面方案中的 A-3 断面方案的突涌指标，$G=(7.02-7.86)/7.86=-11/100$，如图 5.5 所示。

图 5.5　A-3 断面的突涌图

(5) C 平面方案中的 C-1 断面方案的突涌指标，$G=(10.59-7.86)/7.86=35/100$，如图 5.6 所示。

图 5.6　C-1 断面的突涌图

（6）C 平面方案中的 C-2 断面方案的突涌指标，$G=(73.97-7.86)/7.86=841/100$，如图 5.7 所示。

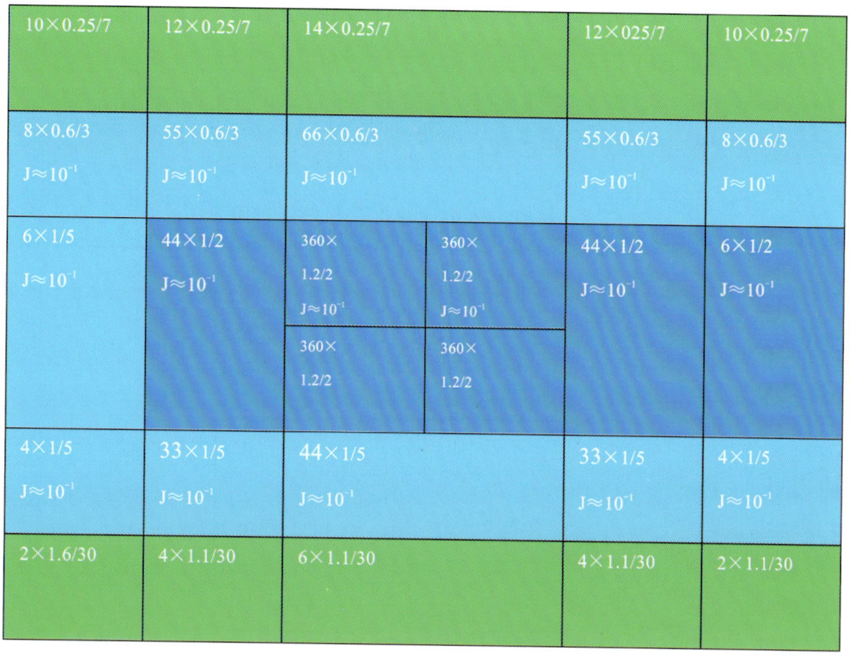

图 5.7 C-2 断面的突涌图

（7）C 平面方案中的 C-3 断面方案的突涌指标，$G=(19.55-7.86)/7.86=149/100$，如图 5.8 所示。

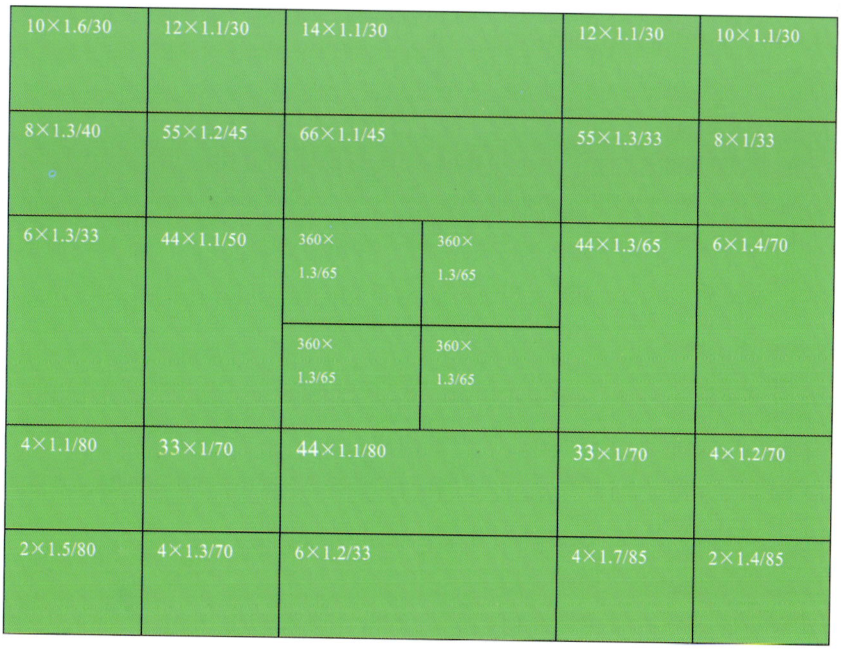

图 5.8 C-3 断面的突涌图

(8) 6 个方案进行比较择优选择

见表 5.3,先在同一平面方案中比较纵面的方案。例如,A 平面方案中,比较 A-1、A-2、A-3三个纵面方案,A-1 方案最优,暂选 A-1 方案;C 平面方案中,比较 C-1、C-2、C-3 三个纵面方案,C-1 方案最优,暂选 C-1 方案。

最后,用 A-1 方案与 C-1 方案进行比较,再考虑突涌以外其他特殊情况,如无特殊情况,选定最终方案,宜推荐 A-1 方案为正选方案。

表 5.3　线路方案突涌隐患量化指标对照表

平面	平面 A			平面 C		
纵面	A-1	A-2	A-3	C-1	C-2	C-3
G	−57%	50%	−11%	35%	841%	149%
突涌隐患	最小	最大	次小	最小	最大	次大

3. 详细设计

隧道路线方案确定后,即可开展详细设计工作,如下是关键步骤。

1) 深化地质调绘

路线方案比选分时段,虽然也进行了地质调绘工作,但由于当时方案比较多,开展的地质调绘工作深度有限或不足,当路线方案确定后,需加深地质调绘,为隧道微调路线平面和纵面提供参考依据。

2) 深化突涌可疑段及附近范围的地质勘察

(1) 根据地质调绘,微调平面线路,在拟定线路的左侧和右侧再至少增加 1 条线路方案。每个平面方案初步拟定上、中、下三个纵面方案。

(2) 对比较方案进行地质勘探,采集不同埋深的隧道围岩强度(R)、水压(P)数据,计算并比较各个方案的 J、G 值,最终选定一个方案作为详细设计的方案。

(3) 对详细设计方案再深化地质勘察

重点对地层分界带进行复查,如图 5.1 中的方框地段,确定过渡区及开挖时的修正开挖最小预留长度及桩号位置。

3) 处治方案的详细设计

对隧道突涌隐患区和过渡区落开展如下一体化详细设计。

(1) 确定治理范围,包括指定过渡区、人工构建过渡区。

(2) 确定引排水方式和加固围岩工艺,包括治理质量目标、治理半径等。

(3) 确定每循环治理长度,包括计划开挖长度和预留长度。

(4) 确定治理质量检验手段和预案。

以上就是突涌形态分析法在第一时段——预设计时段的运用,其核心是 P、R、J、Q、G、L 值的循环探查及使用。

5.5 正常施工时段

正常施工时段是指施工作业处于非突涌隐患区，施工进展正常，或者是施工作业虽然靠近了突涌隐患区，但是治理工作有效，没有较大的危险出现，同时也没有出现超挖，以及开挖还未深入到修正开挖最小预留长度的范围。

正常施工时段的主导思想是居安思危，主要任务是勘察辨识前方是否存在突涌隐患区，而突涌形态分析法则为居安思危提供了可靠手段。

1. 正常施工时段的任务

正常施工时段分为两个分时段：施工准备期和正式施工期。

1）施工准备期的任务

施工准备期的任务，简要地讲，是根据设计单位提供的勘察结论及设计文件中关于各单元分析区的描述，判断突涌隐患区地质块类型，可能的突涌形态，遇到的突涌隐患区的地层类型及隧道等效断面突涌烈度，并提出相应的排水方式和注浆工艺，以此确定针对性的施工组织方案和做好施工队伍、机械、设备等资源的配备。

2）正式施工时的任务

若预设计标明隧道某段落是突涌隐患区，当开挖施工接近该段落时，当前重要任务是如何开展必要的补充勘察，对比设计水文地质资料，以判断工作面距离真正的突涌隐患区的长度，并采取必要的措施予以应对。

若预设计没有标明存在突涌隐患区的情况与设计方案，在开挖施工过程也需要进行某些必要的补充勘察，以防止预设计料想不到的情况出现。

上述任务的核心要素是探清前方未开挖段落的 P、R、J、Q、G、L 值。

简易言之，正式施工时的任务，就是依据设计文件和施工动态呈现出来的情况，推断前方未开挖段是否出现了如图 5.9 的突涌隐患，以便决定是否需要调整设计与施工。

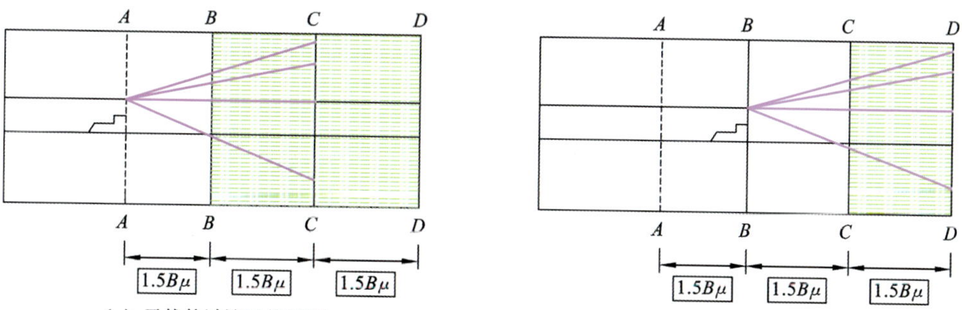

（a）天然的过渡区的断面　（b）人工改造后的过渡区的断面

图 5.9 过渡区断面钻探探测获取隐患区的围岩强度与水压示意图

正式施工时段，普遍要根据异常情况使用反向分析法分析突涌隐患，对设计与施工进行纠偏与修正。

2. 动态循环探查隐患

以修正的开挖最小预留长度和拟治理长度为循环尺度，探查突涌隐患。

依据设计及动态开挖情况，在非突涌隐患区施工时，必须按修正的开挖最小预留长度和拟治理长度为尺度，开展物探结合钻探的循环探查及逐步循环掘进，如图 5.10～图 5.11 所示，确保施工不进入到修正开挖最小预留长度的范围。

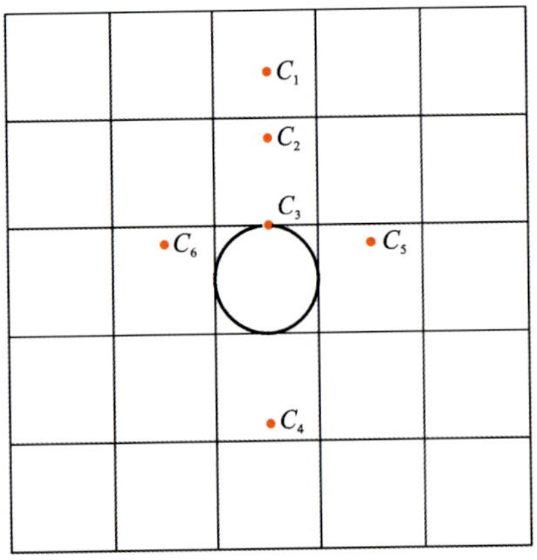

(a) 从 *A-A* 断面钻孔在 *C-C* 断面反映的孔位

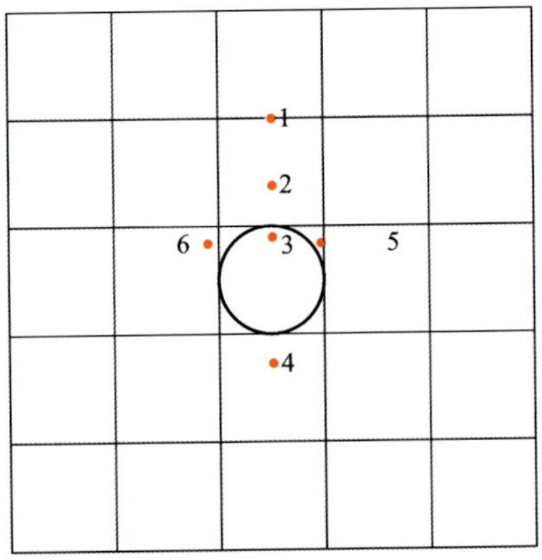

(b) 从 *B-B* 断面钻孔在 *C-C* 断面反映的孔位

图 5.10 隧道断面钻孔孔位

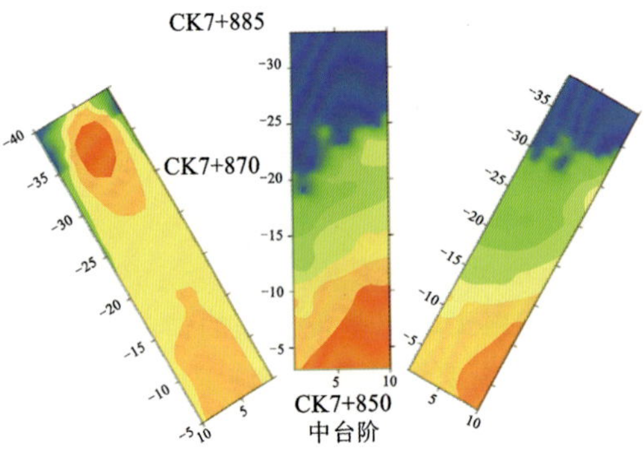

(a) 右洞水平剖面等值线图

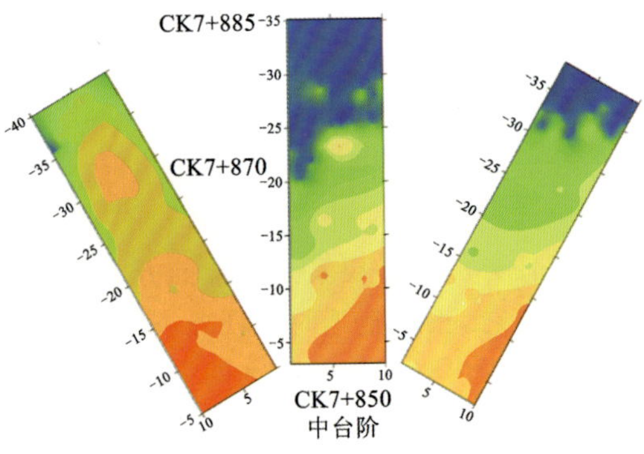

(b) 右洞向上倾斜30°上顶板剖面等值线图

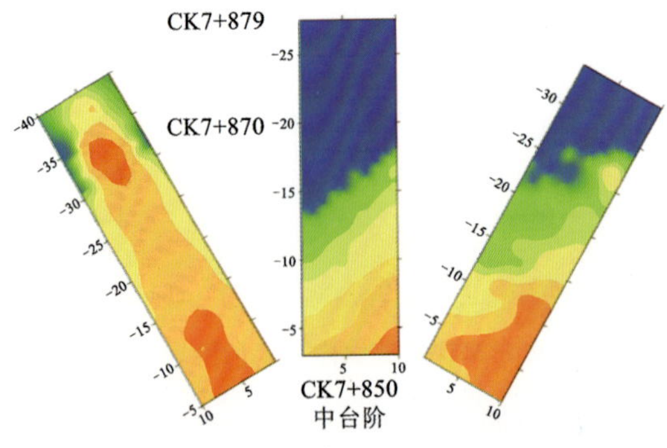

(c) 右洞向下倾斜30°上顶板剖面等值线图

图 5.11 均昌隧道同掌子面不同的方位角物探定性探测围岩含水量

1）第 i 循环

假设开挖到了 $A\text{-}A$ 断面，拟对 BC 段的突涌隐患展开勘察、分析、治理。

第1步，如图5.9(a)所示，断面 $A\text{-}A$ 与断面 $B\text{-}B$ 之间的段落，假设是过渡区，长度为 $1.5B\mu$；断面 $B\text{-}B$ 与断面 $D\text{-}D$ 之间，为隐患区；在断面 $A\text{-}A$ 处先按图5.11所示用物探定性测水，保证探测有效范围为断面 $A\text{-}A$ 到断面 $C\text{-}C$，得出如图5.11的成果（云图），云图蓝色部分表明含水较明显，黄色表示无水或少水，棕红色表示干燥。

第2步，如图5.9(a)所示，钻孔探测水量，并验证物探图是否准确。

在断面 $A\text{-}A$ 第一次钻孔开孔，在断面 $C\text{-}C$ 终孔。$C\text{-}C$ 断面的钻孔位如图5.10(a)所示。

物探定性测水并推测围岩强度；钻探，定量测水压和围岩强度。

钻探穿越的分区，准确测到水压与围岩强度，可以估算得到突涌源形态系数；钻探没有穿越的分区，水压与围岩强度靠推断，从而估算得到突涌源形态系数；然后估算出某隧道等效断面的突涌烈度 G_1。假设 $G_1>64\%$，需要治理。

第3步，开展对段落 AC 段治理，重点治理 BC 段。

第4步，治理 AC 段后，物探再测水，再次得出物探图，比较治理前后两次物探图的变化。物探定性测水并推测围岩强度。

第5步，物探再测水后，钻孔再探测水量，并验证物探图是否准确，比较治理前后两次钻探情况的变化。钻探，定量测水压和围岩强度。在断面 $A\text{-}A$ 第二次钻孔开孔，在断面 $C\text{-}C$ 终孔。$C\text{-}C$ 断面的钻孔位如图5.10(a)所示。

第6步，计算 BC 段的突涌烈度 G，设 BC 段已由隐患区转化为过渡区，开挖 AB 段。钻探穿越的分区，准确测到水压与围岩强度，可以估算得到突涌源形态系数；钻探没有穿越的分区，水压与围岩强度靠推断，从而估算得到突涌源形态系数；然后估算出某等效断面的突涌烈度 G_2。假设 $G_2\leqslant 64\%$，治理质量判断为合格，否则，再补充治理，直到合格。

2）第 $i+1$ 循环

假设开挖到了 $B\text{-}B$ 断面，拟对 CD 段的突涌隐患展开勘察、分析、治理。

第1步，如图5.9(b)所示，设 BC 段已由隐患区转化为过渡区，长度为 $1.5B\mu$；断面 $C\text{-}C$ 与断面 $D\text{-}D$ 之间，为突涌隐患区；在断面 $B\text{-}B$ 处先按图5.11所示用物探定性测水，保证探测有效范围为断面 $B\text{-}B$ 到断面 $D\text{-}D$，得出如图5.11的探水云图成果，蓝色部分表明含水较明显，黄色表示无水或少水，棕红色表示干燥。

第2步，如图5.9(a)所示，钻孔探测水量，并验证物探图是否准确。

在断面 $B\text{-}B$ 第一次钻孔开孔，在 $D\text{-}D$ 断面终孔，穿越 $C\text{-}C$ 断面，$C\text{-}C$ 断面孔位如图5.10(b)所示。

物探定性测水并推测围岩强度；钻探，定量测水压和围岩强度。

钻探穿越的分区，准确测到水压与围岩强度，可以估算得到突涌源形态系数；钻探没有穿越的分区，水压与围岩强度靠推断，从而估算得到突涌源形态系数；然后估算出某等效断面的突涌烈度 G_3。假设 $G_3>64\%$，需要治理。

第3步，开展对段落 BD 段治理，重点是治理 CD 段。

第4步，物探再测水，再次得出物探图。

第 5 步，钻孔再探测水量，并验证物探图是否准确。

在断面 *B-B* 第二次钻孔开孔，在 *D-D* 断面终孔，穿越 *C-C* 断面，*C-C* 断面孔位如图 5.10(b)所示。

物探定性测水并推测围岩强度；钻探，定量测水压和围岩强度。

钻探穿越的分区，准确测到水压与围岩强度，可以估算得到突涌源形态系数；钻探没有穿越的分区，水压与围岩强度靠推断，从而估算得到突涌源形态系数；然后估算出某等效断面的突涌烈度 G_4。假设 $G_4 \leqslant 64\%$，治理质量判断为合格，否则，再补充治理，直到合格。

第 6 步，假设 *CD* 已由隐患区转化为过渡区，开挖 *BC* 段。然后再开展下一循环，如此渐进循环，一环紧扣一环。

上述的第 i 循环工作与第 $i+1$ 循环工作步骤和工作内容完全一致，差别只是工作段落的不同，在各自循环内，工作步步紧扣，各循环之间的工作则相互衔接。

在施工阶段，如果每一循环对某特定断面都按 25 个分区来钻探，是不实际的，因此，必须结合设计文件的钻探资料、掌子面前方的探水云图、实际的钻探资料、注浆钻孔及注浆作业、开挖过程的围岩的观察等环节，在专门钻探不能全部覆盖 25 个分区的情况下，依靠多方面的资料累积与提炼推断如图 5.12 的水文情况，然后逐一推算 25 个分区的水压、围岩强度。

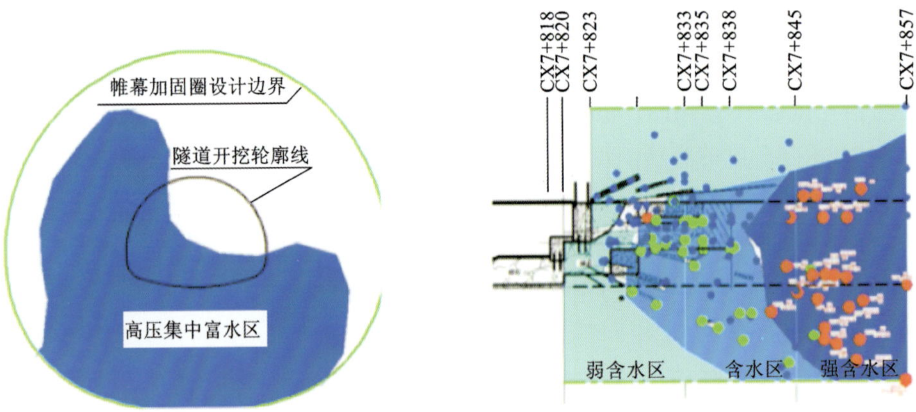

(a)　　(b)

图 5.12　均昌隧道帷幕注浆，由钻孔作业记录而推断的含水区情况

3. 钻孔超前探水安全作业经验

国家安全生产监督管理总局 2009 年颁布的《煤矿防治水规定》表明，钻孔超前探水应遵循表 5.4。

表 5.4　岩层中探水钻孔钻距与止水套管长度

水压/MPa	超前钻孔钻距/m	止水套管长度/m	水压/MPa	超前钻孔钻距/m	止水套管长度/m
＜1.0	＞10	＞5	2.0～3.0	＞20	＞15
1.0～2.0	＞15	＞10	＞3.0	＞25	＞20

4. 调整设计与转换施工工序

若隧道出现了设计意料不到的突涌隐患区，或隐患区与设计存在差异，在施工勘察的基础上，须补充勘察，修正设计。依据修正设计，在修正的开挖最小预留长度之外，开展对隐患区的内外干预及治理。

这时，就需要及时转换施工工序，否则将带来危险，而且极易导致大面积的窝工。

5. 采取保护性防护措施，预防突涌暴发

如同人类身上带有病毒那样，如果病毒未暴发为疾病，治疗的手段选择余地就更多一些，治愈就相对容易一些，费用更少一些。同样道理，隧道存在突涌隐患，最关键是避免其被诱发，一些隧道暴发了突涌灾害后，治理难度增加，危险性加大，工期拖延，费用翻翻，所以，即使是暂时进度减缓，也要确保不发生突涌灾害，这与出现了突涌灾害相比，不出灾害，进度实际上更快。

预防突涌暴发的一重要因素是：谨慎选择开挖队伍和注浆队伍，这两支队伍相互配合好，并在各自的工作范围和施工各环节中，注意观察、观测突涌预兆与萌芽，采取措施予以消除或减轻，正确、及时进行临灾反应和应急反应，职业素养好，施工作业及管理精细化，过程处处着力预防突涌暴发，才可能降低突涌暴发的几率。

相反，选择队伍不当，即使全过程应用了突涌形态分析法，暴发突涌灾害的风险仍然无限提高。

以上就是突涌形态分析法在正常施工时段的运用，其核心是 P、R、J、Q、G、L 值的循环探查及使用。

5.6　突涌灾害发生时段

突涌灾害发生时段包含突涌灾害暴发前的灾害前兆期、灾害发生期及灾害结束期，这个时段的主要工作是防灾、避险或抢险、减灾。此时突涌形态分析法将起到较好的作用。

1. 突涌灾害发生时段的任务

1）突涌灾害前兆期的避险或抢险决策

灾害的发生既具有突发性，也有前兆，一般来说，在前兆发生的前期内进行有效组织抢险、排险，则有可能避免灾害，或减轻灾害程度，在此时段开展抢险、排险就具有较大价值。若提前避险，就会错失机遇。在灾害前兆的中期、后期时机内，组织抢险可能较晚，非但阻止不了灾害的暴发，甚至还可能导致人员伤亡、财产的更大损失。

因此，灾害发生时段最重要、最关键的任务是灾害前兆期如何准确地做出避险或抢险决策。

2）灾时补救措施

灾害发生后，采取一些正确的应对措施，可以减弱灾害程度，以便为灾害处治提供更有利的条件与基础；但是若应对措施不当，则易造成不必要的损失。

3）灾时观测

灾害发生时，加强对灾害的观测与记录，既能为灾时采取措施提供参考，也是灾后分析研究解决问题的重要手段。

2. 灾兆决策

施工过程暴发了突涌灾害，有主客观的原因，客观原因是施工诱发了灾害源的暴发，主观原因是没有开展严格的超前预报，因此未预判到灾害源邻近，或者虽然进行了超前预报但未探查到致命的灾害源。总之，未准确探测到 P、R、J、Q、G、L 值，因此，判断不出灾害源的危害情况。

实践证明，绝大多数灾兆特征是对应 P、R、J、Q、G、L 值的。为此，掌握准确的灾兆情况及 P、R、J、Q、G、L 经验数值，对于抢险或避险决策异常重要。

施工人员包括带班人员、技术人员、管理人员与具有指挥管理权限的负责人，实时掌握隧道量测的情况及灾害前兆情况，当灾害出现灾害前兆时，则能及时根据前兆时信息及结合该5个突涌指标，适当地做出避险或抢险的决策。

3. 灾中观测

突涌源最终被引爆，相应的应急预案是安全避险及在确保安全的条件下进行连续的各项观测，最重要的是观测突涌体“突”“涌”“突涌”的特征形态，这些形态与 P、R、J、Q、G、L 经验数值也存在较好的对应。

提倡用各种手段获取观测数据，同时，重点还在于观测灾时的突涌状态与预设计、超前探测获取的灾害形态是否吻合，差异在何处，为灾害减弱和灾后修正设计提供依据。

4. 灾中补救

分析观测到的突涌体“突”“涌”“突涌”的特征形态，联系到对应经验的 P、R、J、Q、G、L 值，结合观测已完成的二衬段落、有初支的段落、裸洞段落、掌子面的变形情况，在承担一定风险的基础上，采取一些抑制、减弱突涌灾害的方案，将使损失得到较大程度的补救。

突涌体中，若泥石体量比例高，在距离溃口处一定距离的地方设置支挡坝，将使灾害程度减弱，缩短灾害发生时间，起一定作用；若水体数量比例极大，则支挡坝的作用就有限。泥石体量、水体的比例，除灾时观测之外，与前方未开挖段落的 P、R、J、Q、G、L 值也密切相关。

5. 灾后工作

突涌源的能量被释放后，突涌或逐渐停止，或逐渐减弱至较小，当危害程度降至人们可接受的程度时，即为灾后时段。灾后即进入了治理时段。

6. 值班系统凸显出来的重要性

防灾减灾，不但要在灾中防与减，而且要在日常中防与减。日常的值班制度与机制就十分关键，需要建立洞内、洞外相结合的值班考勤智能管理与指挥系统，将人员值班、量测、观测、各项作业的正常与异常情况实时动态地输入该系统中，智能系统结合安全管理机制对异常情况进行反应，才可能实现防灾减灾的目标。

上述各环节工作，突涌形态分析法或给予定性或定量的分析，辅助人们做出准确判断和决策，其核心是对 P、R、J、Q、G、L 值的循环探查及使用。

5.7　治理时段

治理时段包含两类情况：一是没有发生突涌灾害但需要对突涌隐患加以处治；二是发生了突涌灾害后必须对突涌体、溃口、隐患地段进行处置与治理。在治理时段，核心的问题是如何治理，以及治理效果评价。下面介绍使用突涌形态分析法如何解决好核心问题。

1. 治理时段的任务

1）隐患未暴发时的治理

（1）假设预判到未开挖段存在突涌隐患，应立即停止开挖，并增加对掌子面、裸洞、部分初支段落进行适当的安全支护。

（2）开展地质调绘、地质勘察补充工作，修正设计。

（3）按修正设计开展治理施工。

2）灾后治理

（1）灾害初步分析，依据分析，增加对掌子面、裸洞、部分初支段落进行适当的安全支护，增加对突涌体的支挡。

（2）开展灾后总结分析、地质勘察补充工作，修正设计。

（3）按修正设计开展治理施工。

3）治理后质量评定

（1）开展地质勘察，获取 P、R、J、Q、G、L 值。

（2）根据 P、R、J、Q、G、L 值判断治理效果，比较治理前后的 P、R、J、Q、G、L 值，判断合格与否，做出开挖决策。

从以上的介绍来看，隐患未暴发时的治理与灾后治理的路线图基本是一致的。

2. 补充地质调绘

根据当前开挖的情况、注浆作业情况、钻探情况及隧道量测情况进行总结，如若发生了灾害，还要依据灾中观测到的突涌形态特征，以此推测未开挖段突涌源的可能埋藏情况。

3. 补充地质勘察

（1）加密物探范围，重点是定性测水与推测围岩强度。

（2）钻探。依据物探，结合补充地质调绘成果，开展钻探，获取 P、R、J、Q、G、L 值。

（3）依据 P、R、J、Q、G、L 值开展补充详细治理设计及施工。

4. 治理后质量评定

实施治理设计方案后，开展钻探，获取 P、R、J、Q、G、L 值，作出判断与决策。

1）合格指标双控

一是，治理区域的隧道等效断面突涌烈度要合格；二是，预留长度要大于等于修正开挖最小预留长度。

2）治理后合格判据

治理段落中，$G \leqslant 0$，或 $G < 64\%$。在严格勘察与分析的基础上，具备 $G \leqslant 64\%$ 的条件，判断围岩是稳定安全的，对强度较高、均匀性好的围岩，尽管隧道有所渗流或水流，也具备带水开挖条件。

3）治理后的前方可掘进长度

一般情况下，治理区的长度＝计划开挖长度＋修正后的开挖最小预留长度。

修正后的开挖最小预留长度（$L_{修}$）＝开挖最小预留长度（$L_{标}$）×（$G_{隐1}$）/（900%－64%）。

要预留长度大于等于修正后的开挖最小预留长度。

5. 治理时段综述

治理时段的工作集合了4个时段的全部工作任务和要求，实际是汇集了四步动态循环分析法的全部内容，如表5.5所示。其核心是 P、R、J、Q、G、L 值的循环探查及使用。

表5.5 设计与施工4时段动态循环使用形态分析法

时段	工作	核心问题	解决办法
第一时段	预设计	1.方案比选；2.方案优化	使用 P、R、J、Q、G、L 值开展工作
第二时段	正常施工	1.探查隐患区；2.修正设计	使用 P、R、J、Q、G、L 值开展工作
第三时段	灾害应对	1.抢险或避险；2.减灾；3.修正设计	使用 P、R、J、Q、G、L 值开展工作
第四时段	灾害治理	1.治理判断；2.修正设计；3.向前掘进	使用 P、R、J、Q、G、L 值开展工作

5.8 形态分析法在设计与施工上同传统做法的差异性

前面我们介绍了突涌形态分析法在设计与施工阶段的循环运用，读者明显地可以感觉到在程序性工作环节上，突涌形态分析法与传统做法基本一致，吸纳了传统经验的精髓，并对传统做法做出了更严格的补充，但形态分析法在执行程序上讲究工作连续性，步步相扣，与传统做法仍存在一定的差异，差异正好体现了形态分析法的特点；同时，将水文地质量化分析提升了一个更新的层面。

1. 全过程强化勘察

读者可以看到，在设计与施工的4个时段，都要用到 P、R、J、Q、G、L 值来分析和解决问题，获取 P、R、J、Q、G、L 值的唯一渠道是勘察，所以设计与施工全过程必须强化勘察，每个环节的工作质量主要依靠勘察的准确性。

传统的设计与施工，没有要求全过程通过勘察获取 P、R、J、Q、G、L 值，不强调每一环节的工作都必须依靠勘察，不够注重勘察成果的准确性。

突涌形态分析法强调地质调绘是基础；物探作为定性大范围普查，钻探、坑探在关键部位上定性与定量检查、验证；长期物探勘察验证、纠正调整地质调绘；中期物探勘察验证、纠正调整长期勘察；短期物探验证、纠正调整中期勘察。钻探、坑探与超短期物探验证相配合、相结合、相校核。勘察的有关要求、方法与手段见表5.6（刘志刚 等，2011）。

表 5.6　勘察要求、方法与手段

工作	范围	预设计阶段	(施工＋修正设计)阶段
地质调绘	全面	①地质调查、航片释片、区域构造调查	①设计核对、地质素描、施工量测
长期勘探	100～150 m	②高密度电法、钻探	②高密度电法、钻探
中期勘探	40～33 m	③地震波法、钻探	③地震波法、钻探
短期勘探	15～30 m	④电磁波法、电法、钻探	④电磁波法、电法、钻探
超短期勘探	6～8 m	⑤钻探	⑤钻探

隧道埋深超过 300 m,物探及钻探工作变得十分困难。超过 300 m,物探准确率大幅下降,与钻孔情况相互复核与验证意义不大。所以,超过 300 m 埋深及存在特殊地形地貌的隧道,在预设计阶段,重点是地质调绘,勘探为辅;到施工阶段,须加强勘探工作。

施工阶段所进行的补充勘察,也可称临灾勘察。施工前,依据预设计图纸,将隧道划分为多个施工段落,每个施工段落为 30～50 m;施工中,保证有 30～50 m 的段落,始终是处于被地质勘察过的。

施工期间,洞内地质勘察的组合方法是:隧道掘进进尺时的超短期(5～7 m)的钻探,是最低要求;中期与短期相互检验的物探,根据物探成果而进行的超前短程钻探(20～30 m),或中程超前钻探(30～40 m),是必做工作;远程超前钻探(50 ～100 m),是宜开展的工作。先用远程作基础,用中远程复核远程,用中短程校核中远程,用短程核实中短程。

勘察目标就是取得 R、P、J、G、L 值,据此判断当前的掌子面距离第 IV、V、VI 类灾害源的距离或 $G>64\%$的区域,判断设计方案是否需要修改。

2. 全过程强化修正设计

突涌形态分析法强化了全过程强化勘察,当本循环的勘察成果与上一循环结果存在差异,表明了水文地质条件已发生改变,即需要开展修正设计,调整施工,强化全过程的修正设计的作用。

3. 全过程动态施工

全过程动态施工体现在持续的勘察工作、修正设计、施工调整及信息反馈,形成了严格的工作闭环。

全过程动态勘察、全过程动态修正设计、全过程动态施工,需要各环节予以配合,否则整个建设链条极易出现中断,导致工作运行出现问题。

动态施工情况反馈的关键是值班制度的落实,并且值班人员在值班期间需要将情况定时或不定时地传递到洞外,洞外应设置智能值班系统,能够将有关信息归纳总结,找出异常,实时地将异常情况分级,并按分级管理的要求,立即通知相关责任人。形成畅通的洞内洞外信息传递。

4. 地表加宽勘察

1) 传统勘察范围

《公路工程地质勘察规范》(JTG C20　2011)第 5.13.5 款规定:

(1) 隧道勘探应以钻探为主,结合必要的物探、挖探等手段进行综合勘探。钻孔宜沿隧道中心线，并在洞壁外不小于5 m的下列位置布置：①地层分界线、断层、物探异常点、储水构造或地下水发育地段；②高应力区围岩可能产生岩爆或大变形的地段；③膨胀性岩土、岩盐等特殊岩土分布地段；④岩溶、采空区、隧道浅埋段及可能产生突泥、突水部位；⑤煤系地层、含放射性物质的地层；⑥覆盖层发育或地质条件复杂的隧道进出口。

(2) 勘探深度应至路线设计高程以下不小于5 m。遇到采空区、岩溶、地下暗河等不良地质时，勘探深度应至稳定底板以下不小于8 m。

(3) 洞身段钻孔，在设计高程以上3～5倍的洞径范围内应采取岩、土试样；同一地层中，岩、土试样的数量不宜少于6组；进出口段钻孔，应分层采取岩、土试样。

(4) 遇到地下水时，应进行水位观测和记录，量测初见水位和稳定水位，判明含水层位置、厚度和地下水的类型、流量等。

(5) 在钻探过程中，遇到有害气体、放射性矿床时，应做好详细记录，探明其位置、厚度，采集试样进行测试分析。

(6) 对岩性单一、露头清楚、地质构造简单的短隧道，可通过调绘查明隧址工程地质条件。

2)《公路工程地质勘察规范》要求的勘探范围

综合《公路工程地质勘察规范》(JTG C20—2011)的要求，用图示法表述勘探范围，如图5.13所示。

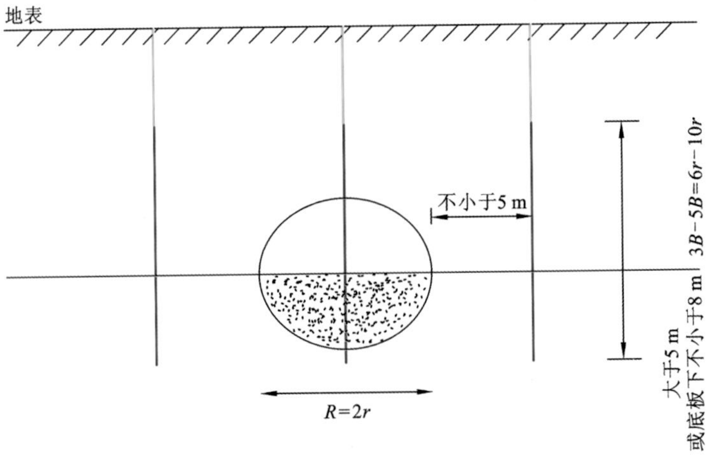

图5.13 《公路工程地质勘察规范》勘探范围图示

3) 突涌形态分析法的勘探图示

突涌形态分析法的勘探图示如图5.14所示。

对比图5.13和图5.14，突涌形态分析法勘察的范围比传统做法，在同一断面，由布设3个钻孔，扩展为5个钻孔。

图5.14的勘察工作宜在施工图详细设计时段实施，应在《公路工程地质勘察规范》(JTG C20—2011)第5.13.5(1)款遇到的水文地质地段实施，并执行该规范规定的频率，在该类地段，最少应探测三个断面：两端头的断面及中间某断面。

在某隧道段中，若存在三个明显有差异的区域，中间段为水文地质复杂区域，外面的两个

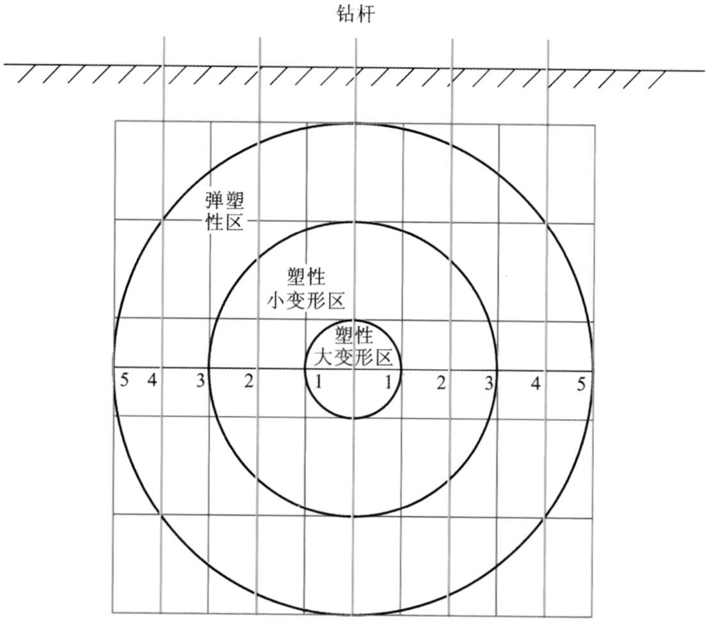

图 5.14　突涌形态分析法要求的勘察范围图示

区域为地质水文情况显著的区域，在铺以物探的基础上，中间区域也应按图 5.14 的要求开展勘察。

5. 地层分界带的复查

1）详细设计时段

按技术规范基本完成了勘察工作后，应就存在突涌隐患的区域的地层分界带进行复查，以便相对较精确地确立天然的非突涌隐患区、过渡区、突涌隐患区的分界，或天然的非突涌隐患区、突涌隐患区的分界，估算与确定修正开挖最小预留长度及其桩号部位。

2）施工阶段

在施工阶段，须熟知设计图纸的地层分界，并在施工过程中进行补充勘察，得到更准确的地层分界带，以修正预设计方案。其中，在补充勘察时，先采用物探定性测水，得到如图 5.11 的探水云图，依据探水云图，再钻探探测复核。

设计阶段和施工阶段，均要求建立地层勘察台账，特别是过渡区、突涌隐患区的台账。该台账若输入智能值班考核系统将更能发挥其作用。

6. 反馈机制要求严格

1）日常量测的反馈机制

施工规范及管理制度规定在隧道施工中需要进行的技术工作，均需严格执行。例如，地质素描，成拱后的净空沉降与收敛的施工量测，围岩、水情的情况观测，并按预先的规定将正常情况或异常情况反馈给施工管理及指挥系统。

2）临灾反应

当遇到特殊情况时，立即启动临灾反应。临灾反应不是应急反应，而是应急反应的基础。在工地上，临灾反应和应急反应同样重要，是相辅相成、缺一不可的两个关键环节。当存在如下情况时，启动临灾反应。

（1）短程的探测，发现异常情况时，暂停掘进。补充勘察，视情况是否启动应急施工方案。

（2）中程和远程的探测，发现异常情况，暂停掘进。补充勘察，修正设计方案。

（3）日常量测发现异常情况时，暂停掘进。分析情况，决定下步工作。

3）临灾施工组织设计调整或组织转换

临灾条件与应急条件是不一样的。临灾，是面临灾害，但尚未发生，灾害预兆也没有显现时所采取的措施。应急，或是灾害已暴发，或灾害预兆已明显出现，应该采取的预定措施。

临灾反应与应急反应的概念、工作可能有重叠与交叉的地方，有很多人将它们混淆了。其实，两者有根本的不同，临灾反应还有较多时间来进行响应，应急就是稍短的瞬间响应；没有临灾反应，可能就经常碰到应急反应；只有实施了临灾反应并且有效，或许应急反应就能够减少，施工管理才能减轻压力。

综上所述，隧道突涌形态分析法继承了传统做法的优点，在传承的基础上更加严格、更加严谨、更加精细，防灾减灾的中心思想更加突出，因此，也更加科学与可靠。

5.9 运营期突涌传递效应分析

存在突涌隐患或在建设过程曾发生了突涌灾害的隧道，隧道贯通并建成通车营运后，还会发生突涌灾害吗？要回答此问题，将涉及突涌在营运期的传递效应问题。

隧道投入运营后，有些隧道明显地暴发了突涌灾害，地下水或泥浆从二衬结构的施工质量缺陷之处冒出来，小突涌造成了局部影响，大突涌会淹没路面，导致隧道被迫暂停运营，甚至导致二衬结构、仰拱、路面的破坏（关宝树，2004）；有些隧道，虽然在运营时没有发生突涌灾害，但是不时出现一些质量问题，二衬结构和路面渗水严重，路面抗滑能力衰减，导致隧洞内发生交通事故，有些严重的交通事故还会引发连锁与次生灾害，如撞击或爆炸可能引发突涌灾害复发（韩直 等，2012）或二衬结构损坏；车辆或列车运行造成的振动效应传递到软弱富水围岩，也引发新的质量问题（陈卫忠 等，2017）。

相对一般隧道，施工期发生突涌灾害的隧道，运营期出现突涌问题的概率与频率更高，内因是隧道环境存在突涌灾害源，灾害源被激发、激活，环境出现了调整与变化，这种突涌源在运营期被激活的现象就叫突涌在运营期的传递效应。

突涌的传递效应，常集中于围岩、衬砌结构、仰拱和路面结构上面，表现为突涌灾害复发或出现一系列质量病害，它们是水文地质缺陷、设计缺陷、施工质量缺陷、养护缺陷的综合性产物，与水文地质缺陷、施工质量缺陷关联度最大。

因此，突涌的传递效应，不但事关运营阶段的安全运行问题，更关系到设计与施工阶段怎么把隧道的质量控制到位，以消除突涌灾害质量通病和突涌灾害后遗症的问题。

1. 隧道建成后水环境的自我调整

1）无水或贫水地段的变化

无水或贫水的地段，在整座隧道即将或已经贯通后，有些地方的二衬反常地出现了长路段、大面积的渗漏，乃至施工缝滴水、喷水，这是水环境自我调整的结果，病害集中出现在初支质量缺陷多的地方。例如，开挖时大面积欠挖或超挖又没有处理的部位，喷射混凝土极其不平整、出现骨架化的部位，防水板设置时过于紧绷、没有松融的部位，喷射混凝土工作作弊的部位（用石棉瓦片挡住后背，仅喷射薄薄一层）。

2）富水地段的变化

富水的地段，通车后二衬上的渗漏点出现变化，有时渗水增大增多，有时渗水消失，有时上部、下部同时渗水，有时只有下部渗水，局部地方二衬施工缝冒水、喷水，有些冒水、喷水持续时间比较短，有些则长流不断。有些地段路面也出现渗水、冒水、喷水等情况。

隧道衬砌结构包含钢材支撑与喷射混凝土组成的初支结构、防水功能层结构、混凝土及钢筋组成的二衬结构、二衬节段之间的防水功能联结结构，以及嵌镶于初支和二衬之中的导水功能结构。这些结构最主要的功能是支撑功能，辅有防水、防火、导水功能。围岩也是组成隧道结构的重要支持结构，也与圬工结构一起承担部分支撑、防水、导水功能。组合结构使衬砌形成了一个圆筒防水构造，因受水环境自我调整的影响，部分地段或部位出现了防水失效的质量缺陷。防水失效主要是施工质量缺陷导致的。

2. 二衬结构的渗漏病害

1）二衬不密实处

由于初支、防水板功能层的防水失效，压力水进入二衬混凝土结构的背面，首先在二衬不密实的薄弱处出现渗漏，尤其是在施工质量缺陷处出现。

2）施工缝

二衬混凝土节段之间的施工缝，常常设置膨胀橡胶条作为堵水联结防水功能结构，由于设置位置出现偏差、采用劣质材料等原因，该功能结构存在薄弱段，压力水往往从该段渗流、喷射出来。

3）拱顶空洞处

由于浇筑二衬混凝土时不连续施工，导致二衬节段的相接处拱顶部位的混凝土没有充分填充，留下空洞，拆除端膜时施工人员、技术人员责任心不强，未进行尽责检查，或检查发现问题了却不予理会，继续浇筑下一节段。二衬完工后，没有使用物探检查缺陷，或物探检查线偏离了空洞，漏掉了检查，最终导致拱顶空洞处的缺陷存留下来。

实践证明，12 m 长的二衬浇筑台车，二衬混凝土厚度超过 50 cm 厚时，该缺陷发生的频率开始提高，二衬厚度越厚，缺陷发生频率越高。初支越不平整，缺陷发生频率越高。在初支严重不平整的地段，即使较薄的二衬，此缺陷也普遍存在。

突涌隐患地段的二衬混凝土厚度一般大于 50 cm，普遍为 75 cm，拱顶空洞的缺陷常常发生，水环境调整后，压力水容易进到拱顶空洞，最后从二衬节段施工缝流出，严重时形成瀑布形态。

仰拱质量缺陷，是由于施工期浇注混凝土时没有做好防水与排水工作，导致水体将某些部位的混凝土冲走，形成了只有砂石没有水泥的导水构造，运营期有压地下水从该处冒出来。

4）机电箱部位

在开挖围岩时，设置机电箱的部位没有扩宽开挖，仅同二衬其他部位同宽，浇筑二衬混凝土时，机电箱的部位要设置凹槽，这样就导致该部位的混凝土厚度超薄，甚至无混凝土，压力水就会从此部位渗出、流出或喷出。

3. 溶蚀及堆积病害

1）渗漏处白浆堆积

二衬、路面的混凝土局部不密实，长时间渗漏，就会出现白浆或白斑，其实就是初支喷射混凝土、仰拱混凝土、二衬混凝土、围岩的溶蚀物。

2）导水管管口的溶蚀堆积物

埋在初支混凝土中或二衬混凝土、仰拱中的导水管，也存在溶蚀物堆积的问题，时间长久，就会堵塞导水管，或使导水管管径变小，导水能力下降，则压力水从导管附近渗出或流出，形成新的渗漏处。

3）排水沟槽堆积物

同样的道理，隧道内的排水沟日长月久也积存有溶蚀物，使排水能力下降，严重时，排水沟的水体“冒顶”流到路面上来。

4. 二衬结构大变形或破坏

（1）帷幕失效带来的效应，突涌灾害重现，水压力过大，使二衬结构大变形或破坏。

（2）衬砌背后的围岩强度急促下降，围岩形成的天然拱失效，衬砌结构受力极大改变，导致二衬结构大变形或破坏。

日本青函隧道建设工期长达 17 年，发现采用普通水玻璃-水泥浆施作帷幕注浆，几年后便出现了部分失效，尤其在地应力大、水压高、活跃化学元素含量多的环境，失效率比较高，突涌灾害复发的概率相应较大(关宝树 等，2011)。

国内学者的研究也表明，在地应力大、水压高、车辆或列车振动、地下水腐蚀严重的地下环境，注浆帷幕失效，突涌灾害复发概率比较高。

5. 隐伏的隧道突涌源形态与运营期易发病害关联的统计

经不完全统计，突涌源形态与运营期易发病害具有一定对应性，具体见表 5.7。

表 5.7 突涌源形态与隧道常见缺陷

频度 / 病害	施工过程二衬未出现渗漏，营运后水环境明显调整，出现渗漏	施工和运营期均出现二衬结构的渗漏	运营期二衬和水沟出现溶蚀及堆积	运营期二衬结构大变形或破坏
对应的突涌源形态	VI-1、VI-2、V-2、V-3、IV-2、IV-3	VI-1、VI-2、V-2、V-3、IV-2、IV-3	VI-2、V-2、V-3、IV-2、IV-3	VI-1、VI-2、V-1、V-2、IV-1、IV-2

6. 消除突涌传递效应的措施及建议

施工大面积存在质量缺陷是突涌的传递效应得以发生的主要前置条件，因此，杜绝或消除施工质量缺陷是克服突涌的传递效应的最有效措施，也是最可靠、全过程成本最低的办法。

1）初支的质量缺陷

（1）杜绝或消除开挖轮廓线出现欠挖或超挖。欠挖的，必须予以凿除；超挖的，必须采用喷射混凝土回填补平，最终保证喷射混凝土厚度、平整度符合要求。凡是喷射混凝土厚度不足、平整度不足（甚至出现棱柱的现象），均为不合格初支。

（2）初支变形过大导致侵限的，必须换拱处置。换拱工作，虽然安全风险大，但若不换拱，后续的病害程度也较严重，所以，要采取强化措施，确保安全的条件下换拱。

突涌孔隙型孕灾构造、突涌隐患程度严重的隧道，施工期发生了突涌灾害，隧道初支变形过大并侵限是通病，如果施工期不予以作换拱处理，从而导致二衬混凝土板过薄，营运期出现质量问题及突涌问题概率较高，也难以处置。

2）4层防水功能必须达标

（1）开挖后，凡是出现围岩成线状滴水或淋雨状流水的，必须处理至符合技术规范要求。淋雨状流水的，必须对围岩注浆处治，处治至只有局部不成线状滴水；局部不成线状滴水的，采用挂壁半管导水。总之，要保证在喷射混凝土时没有线状滴水。

（2）喷射混凝土后，成片润湿的或局部滴水的处理要符合要求。成片润湿的，或线状滴水的，要进行浅层注浆处治，直至润湿面积不超过 0.5 m^2；局部滴水的，采用凿槽挂壁半管导水。保障在设置防水板前没有明显滴水，喷射混凝土没有面积大于 0.5 m^2 的湿润。保证喷射混凝土的平整度符合要求。不允许有喷射混凝土初支及其背后存在空洞、松散情况发生。

（3）防水板，要确保原材料质量；保证焊接质量；保障挂布后有适当的松紧度。保障二衬施工不拽穿防水板。

（4）二衬混凝土要按防渗混凝土的配合比施工；节段之间的防水功能结构要达到设计要求。

3）防止注浆中的浆材失效

注浆中的浆材，存留在围岩当中，由于溶蚀部分失效；由于围岩轻微变形而出现结构破坏；由于水压力原因而部分失效，尤其是未改性的普通水泥-水玻璃浆体所生成的水泥结石呈脆性的特点，更容易导致注浆失效，引发突涌重现，使衬砌结构变形过大乃至遭到破坏。

4）加大导水管

由于溶蚀物的堆积及填充，普通尺寸的导水管的导水能力容易下降，加大导水管则提高了其导水能力。

5）隧道排水沟设于路面中心位置地带，须谨慎

隧道运营后，设于路面中心位置地带的排水沟不便于日常清理，更不便于维修，而出现突涌灾害的隧道的排水沟，排水能力的下降将不可避免，因此，更科学的设计应是把排水沟设于隧道路面侧边。突涌隐患或灾害严重的隧道，不宜设置中心排水沟。

6）突涌段衬砌结构预留排水孔及注浆孔

设计要考虑在衬砌上预留排水孔及注浆孔，在运营时期，当水环境出现重大调整时，根据具体情况，或利用排水孔和注浆孔进行泄水减压，或者利用注浆孔注浆堵水。

必要时，预留注浆孔应穿越二衬与初支，深入到围岩 50 cm 以上，甚至更深，为注浆作预

备，或为排水作预备。

7）溶蚀物、充填物的日常清理

经不完全的观测统计，容易出现溶蚀物的隧道，见表5.8，15天的时间，在二衬结构出水口处，溶蚀物、充填物堆积厚度达到1 cm以上，因此，建议运营单位至少按表5.8的时间要求对导水管的出水口、排水沟例行清理，避免堆积物过多，降低排水能力。

表5.8　溶蚀清理与突涌形态

病害	溶蚀及堆积	溶蚀及堆积	溶蚀及堆积
突涌形态	VI-1、VI-2	V-2、V-3	IV-2、IV-3
清理频度	7天	10天	15天

8）预防性处治

在施工阶段，对突涌隐患段的治理，有三种理念或方法：以排为主，以堵为主，排堵结合。

实践证明，以排为主和排堵结合，有利于施工期的治理，但是对营运期会带来较多后遗症，尤其是环境敏感地区。以堵为主，在施工期全面放弃引排水措施，困难因素会增加，但是从运营的角度，则效果更优。

隧道突涌形态分析法将如何回应上述矛盾呢？隧道突涌形态分析法还是要坚持排堵结合：排，引排水点首先考虑设置在隧道等效断面以外；堵，加固好隧道等效断面内的围岩，既要防止加固效果在施工期内失效，也要防止在运营期大部分失效。

因此，施工期对突涌的治理，不单要考虑安全掘进的要求，而且还要考虑运营期的实际需求，这是隧道突涌形态分析法对传统经验的纠偏。

7. 运营期突涌灾害复发时对灾害的分析与决策

二衬结构、路面结构、施工缝的渗漏一般不称为突涌灾害重现。只有衬砌结构的空洞之处、施工缝出现喷水，水压达到0.5 MPa以上，或水压虽未达到0.5 MPa，但是已导致二衬衬砌结构出现过大变形、开裂等情况，或仰拱隆起、路面隆起破裂、电缆槽倾覆，才称为突涌灾害重现或复发。

原来存在突涌隐患，施工期间没有暴发突涌灾害，但是运营期却发生了突涌灾害，也称突涌灾害重现。

在进行隧道结构设计时，将荷载分摊给围岩、初支、二衬承担，由于设计可靠度不足，突涌灾害重现或复发可能导致二衬结构过大变形、开裂、局部破坏等问题。营运期突涌灾害复发，甚至会导致隧道顶地表出现连锁、次生灾害。

如何对运营隧道突涌灾害重现或复发进行有效处治，难点在于是否需要对围岩进行系统全面的治理，因为这涉及治理的长期效果、巨大费用、高风险、高代价的问题，以前没有相应的量化指标，现在拥有了隧道突涌形态分析法，可按如下方法估算。

（1）当二衬没有出现开裂、路面没有隆起或沉降，其他圬工未出现系统损坏时，假设圬工结构以内的范围，即隧道等效断面的第一层圈的突涌源形态系数为III类的低值，$J=10^{-3}$，勘探圬工结构圈以外的围岩的突涌源形态系数，计算隧道等效断面G。

若$G>64\%$，即$G=\{[\sum(J_{i外}\times N_{i外})+300\times10^{-3}-7.86]/7.86\}>64\%$时，需要系统全面治理，否则，不需要系统全面治理，视情况局部治理。

（2）当二衬出现开裂或路面隆起或沉降，其他圬工出现系统损坏时，假设圬工结构以内的范围，即隧道等效断面的第一层圈的突涌源形态系数为 III 类的中值，$J=0.0055$，勘探圬工结构圈以外的围岩的突涌源形态系数，计算隧道等效断面 G。

若 $G>64\%$，即 $G=\{[\sum(J_{i外}\times N_{i外})+300\times0.0055-7.86]/7.86\}>64\%$ 时，需要系统全面治理，否则，不需要系统全面治理，视情况局部治理。

8. 处治突涌灾害的步骤与措施

突涌重现或复发的处治分为如下主要步骤和措施。

1）衬砌支撑加固为勘察与治理增加安全条件

（1）一般情况。工字钢套拱加固，每榀间隔 1～1.5 m。

（2）严重情况。加密套拱，套拱之间增设钢筋网，并喷射混凝土，形成新的刚性衬砌。对该刚性衬砌进行实时量测，还有过大变形时给予必要支撑和支顶。

2）物探及钻探复核

重点是水压、围岩强度，出水点，薄弱点。物探探测出原初支的工字钢的位置，并用油漆把它们标示出来，为下步钻探、钻孔注浆提供准确情报。

3）排水

对应不同突涌源形态，采用不同的办法，见表 5.9。

表 5.9　排水治理质量缺陷与突涌形态

病　害	二衬结构大变形或破坏	二衬结构大变形或破坏	二衬结构大变形或破坏
常对应的突涌形态	VI-1、V-1、IV-1	VI-2、V-2、IV-2	VI-2、V-2、IV-2
排水办法	电渗排水	过滤性排水	钻孔直接排水

4）注浆加固围岩

对应不同突涌源形态，采用不同的办法，如表 5.10。

表 5.10　注浆治理质量缺陷与突涌形态

病害	二衬结构大变形或破坏	二衬结构大变形或破坏	二衬结构大变形或破坏
常对应的突涌形态	VI-1、V-1、IV-1	VI-2、V-2、IV-2	VI-2、V-2、IV-2
处治方案	系统小导管，先用溶液注浆，然后再用水泥单浆注浆	系统小导管，用水泥单浆注浆	局部小导管，先用膏浆注浆，然后再用水泥单浆注浆

5）处理衬砌结构

在有安全保障和恢复通车时间允许的条件下，可以拆除衬砌结构，重新构筑；或者对衬砌结构进行补强处置；或者采取加固措施，如采用钢套板加固或钢板条带加固等。

隧道突涌在运营期的传递效应说明，不论是贫水地段，还是富水地段，地下水的分布自我调节，均会带来突涌问题或灾害重现，可见运营期突涌传递效应不但涉及设计、施工、水文地质条件，还涉及运营与养护。要消除或减轻运营期突涌传递效应，需要相应的各从业单位在相应时段做好各自的工作，尤为关键的是杜绝严重的施工质量缺陷，确保高品质的隧道投入运营。

第 6 章　隧道突涌形态分析法的实践与总结

隧道建设过程的突涌灾害问题自古存在，延续至今，隧道的建设史就是一部工匠们不断碰到突涌问题，与突涌问题进行抗争的历史，更是一部工匠们解决问题、产生经验与理论的历史。

隧道突涌形态分析法源于实践，并接受实践和工程有效经验的检验。

6.1　均昌隧道突涌灾害或隐患治理实践

广西均昌隧道是包茂高速公路广西境内的一座隧道，全长 4.3 km，为双洞小净距隧道，两洞净距 17 m，单洞车道数为 2 车道，设计净空 10.75 m×5 m，包括仰拱在内开挖轮廓接近圆形。纵坡为人字坡，变坡点设于洞内 1/7 处，约 6/7 的路段处于长下坡路段，长坡坡度为 0.4%。

该隧道于 2011 年 3 月正式开始掘进施工，2017 年 1 月建成通车。隧道从两端对向掘进，至 2013 年 8 月累计掘进进尺 3.9 km，中间约 400 m 为困难地段，特别困难地段约 200 m。2013 年 9 月后，困难地段先后发生了 4 次特大突涌灾害。其中两次是以涌水为主的涌水突泥灾害，发生在逆坡开挖地段，由于纵坡较缓，导致已开挖地段被涌水泡浸长度较长，移动抽水实施困难，遏制突涌灾害耗时较长；另外两次灾害则是以突泥为主的突泥涌水灾害，发生在顺坡开挖地段，突涌体的流动、移动难以拦阻，灾情扩展较大。除了这 4 次特大突涌灾害，过程中还不时发生了中等程度的突涌灾害多次。经历 3 年多的努力，于 2016 年 9 月 9 日及 10 月 18 日分别贯通了左右洞，该隧道总工期约 6 年，其中的 400 m 路段耗用了接近 3 年半的时间。

该隧道发生第一突涌后，从业人员没有找到好的办法来治理与应对突涌灾害和隐患，所以后续又发生了 3 次特大突涌灾害，2016 年初经摸索初步找到了有效应对方法，也就是隧道突涌形态分析法的雏形，有了该方法，加上后来地质环境稍有转好，进度明显得到加快，安全风险下降了较多，最终实现了隧道贯通。

1. 隧道地质及地貌情况

该隧道位于北回归线以南，亚热带气候，年平均降雨量超过 1 600 mm，隧道穿越云开大山北麓东段，地表高程为 250～800 m，为构造侵蚀型低山地貌。突涌隐患严重地段地层为第四系洪积层、花岗岩残坡积覆盖层及下古生界加里东期基岩。隧道顶地表地貌情况如图 6.1 所示，突涌隐患地段地质情况如图 6.2 所示。

图 6.1　均昌隧道地貌情况

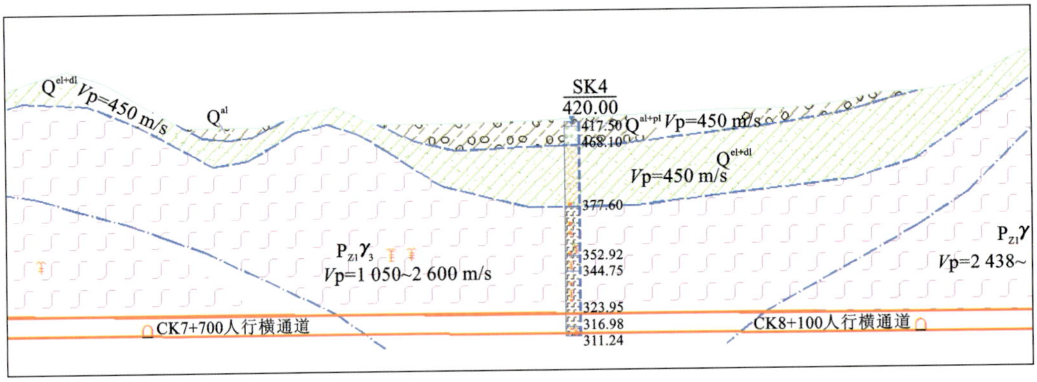

图 6.2　均昌隧道突涌隐患地段地质图

2. 突涌地段

困难地段位于 K7＋600～K8＋000 段，约 400 m，其中最艰难地段约 200m，如图 6.1 和图 6.2 所示，隧道从村庄下方穿越，埋深为 90～110 m，隧道上方地表为四周群山环绕的带状微盆地。

右洞，于 CK7＋838 附近发生了两次特大涌水突泥灾害；左洞，于 DK7＋963 和 DK7＋939 附近分别发生了 1 次特大突泥涌水灾害。

3. 水压与围岩强度

钻探取到的岩芯情况如图 6.3 和图 6.4 所示，围岩强度普遍在 2.0～10 MPa；隧道等效断面的第三圈层钻孔深孔水压情况见图 6.5，最大水压为 1.0～1.2 MPa；隧道等效断面的第一圈层、第二圈层浅孔水压情况见图 6.6，普遍为 0.25～0.85 MPa。

图 6.3　部分钻孔取样图

图 6.4　部分钻孔取样图

图 6.5　突涌隐患区的最大喷距

图 6.6　在等效断面内的钻孔出水量及涌距情况

4. 典型隧道等效断面的 *J* 值及突涌突涌烈度

最困难地段在右洞 CK7＋840 处附近，长约 60 m，典型断面的隧道等效断面的水压与围岩强度反映在图 6.7 中。治理前，该典型隧道等效断面突涌烈度 $G=(73.97-7.86)/7.86=841/100$。

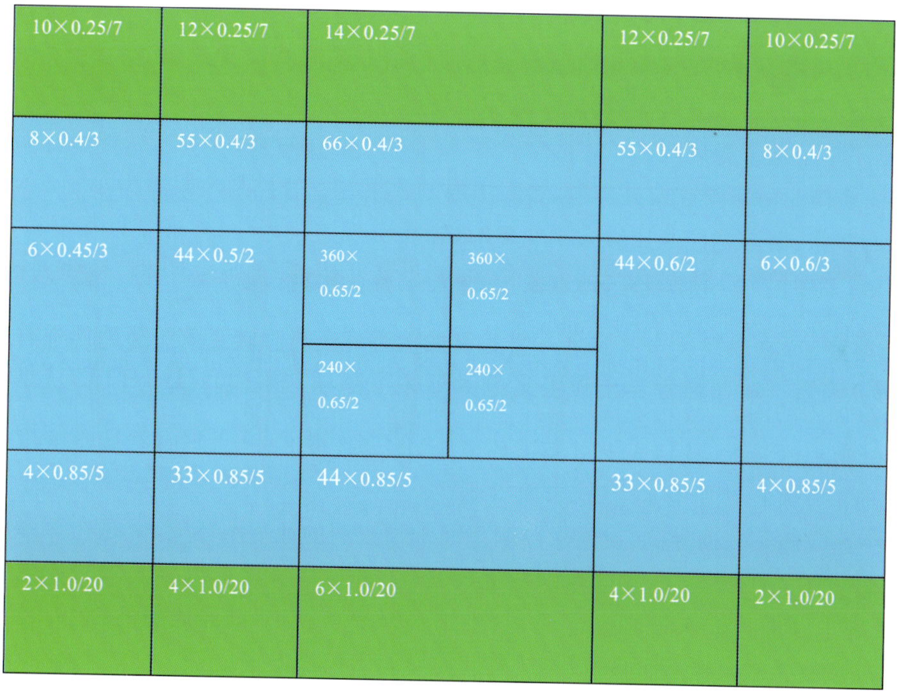

图 6.7　治理前典型等效断面各分区的突涌强度情况

5. 第一次特大灾害发生后的修正设计主要处治方案

隧道发生了第一次特大涌水灾害后，开展了修正设计，处治方案框架如下。

(1) 全断面帷幕注浆，开挖轮廓线以外注浆圈厚度为 5 m。

(2) 注浆液主要是水泥浆液，辅以水泥-水玻璃液。注浆压力在 2.6～4.5 MPa。

(3) 每循环帷幕注浆段可划分为 15 m、20 m、25 m，治理后开挖保留 6 m 的安全岩盘。采用前进式注浆工艺。

后来，在隧道出口端右洞右侧增加了迂回排水导洞的施工方案，但实施了一小段后，难以推进，中途放弃了该方案。

6. 按常规做法施工难在哪里

按常规施工，掘进异常困难，因多次诱发了突涌灾害，2013 年 9 月至 2015 年 11 月推进的进度不足 200 m，那么，施工遇到了哪些特别的困难呢？

1）地层环境干预难

从业人员没有进行地层分析经验，没有开展针对性地干预地层的研究，干预地层没有奏效。

首先，隧道困难地段为埋深较深的突涌孔隙型孕灾地质构造与突涌裂隙型孕灾地质构造混合的花岗岩全风化地层，突涌源形态有第 VI-1 类、第 V-1 类、第 V-2 类；而隧道底部以下 30～40 m 的地层环境是突涌裂隙型孕灾地质构造环境，突涌源形态有第 IV-2 类、第 III-2 类；远处的突涌裂隙型孕灾地质构造向突涌孔隙型孕灾地质构造输水是隧道周边围岩赋存地下水的主要来源。其次，隧道上方地表水下渗，大部分从业各单位人员认为是地表雨水向隧道围岩地层渗透，对裂隙型导水地层考虑不够充分。

（1）排水引水方案，在突涌孔隙型孕灾地质构造花岗岩全风化地层，钻孔引排水，要么少水或无水，要么钻孔出水夹带大量泥沙，流体中泥沙含量大，泥沙大量流失导致围岩内部形成空洞，加剧了掌子面失稳风险。

（2）注浆作业由非专业人员实施，加固围岩的效果差。若控制注浆压力小于 5 MPa，浆液难以注入与扩散；若控制注浆压力大于 5 MPa，容易出现跑浆现象，浆液难以在围岩加固圈内范围存留，且当时的施工人员认为前方是空腔，需继续注浆，其实所注浆体已流失到劈裂通道，绝大部分没有在需要加固围岩的里面驻留。

注浆后，在加固体外的有压地下水仍然能从浆体与围岩所形成的浆脉通道渗过来，从而又软化刚刚被加固的围岩，较快地使加固作用失效。

（3）隧道埋深较大，从地表上对隧道环境予以干预，难度较大，当时有从业单位也试图从地表上向地下注浆拦截地下水通道，未取得成功。

（4）中途实施了迂回导洞，设想从导洞里面干预正洞的地下水环境，但是在深厚的富水全风化花岗岩土体的环境下，导洞也难以掘进，大约在富水全风化花岗岩土体的环境中开挖了 20 m 后发现难以再向前继续推进，同时，由于排水影响半径小，已经成型的 20 m 导洞对旁侧的正洞的环境改善效果也不明显，最终放弃迂回导洞引排水方案。

2）对地层干预工艺不够重视

开初，从业单位认为只要把浆液注入地层即能加固好地层，对注浆队伍的专业性要求不高。

（1）事实上，帷幕注浆作业使用了非专业注浆队伍，大多采用的指导思想是：高压持续注浆，直至浆液无法注入，认为注浆液只要注进围岩里，必然能够加固好围岩。这种帷幕注浆方式属于粗放式的注浆作业。

由于粗放式注浆干预环境效果不佳，治理后，掘进的条件改善有限，1 天安排 3 个开挖班组轮换开挖，进尺不足 1 m，加上要拆除止浆墙，逐步切除止浆墙附近的钢管、导管，开挖进尺缓慢，平均日进尺不足 0.5 m。

(2) 粗放式注浆干预环境,在短时间内注浆失效较快。一般 10～15 天的时间内就失效 60%以上,30 天后,基本完全失效。由于失效时间短,所以最终一个注浆循环的开挖长度十分有限。

(3) 粗放式注浆,对突涌灾害区域地层治理效果不佳,在发生了第一次特大突涌灾害后,即采用帷幕注浆治理,但治理后开挖仍发生 3 次特大突涌灾害,其中,右洞的两次特大涌水灾害溃口接近为同一桩号位置,而左洞的两次特大突泥涌水灾害溃口位置相距不足 24 m,事后分析是注浆没能加固好设计加固圈的围岩,仍存在明显缺陷,在开挖扰动作用下诱发突涌灾害。

(4) 帷幕注浆加固范围过窄,尤其是在突涌灾害溃口处没有扩大注浆处理范围,注浆范围仅覆盖到第二层圈的一半部位,没有覆盖到完整的第二层圈,加上加固效果不佳,第一层圈、第二层圈的环境改变不大,隧道等效烈度较大,就贸然掘进,必然会"在原来摔跤处再次摔倒",在原溃口处或距离原溃口处不远,突涌灾害再次暴发不可避免。

3) 没有重视过渡段的治理

突涌灾害暴发后,天然状态下实际没有了过渡区,初支成型段的围岩因突涌灾害导致松弛变形,围岩松散,裂隙扩张,故而在实施帷幕注浆过程中,浆液向后方初支段围岩及空隙进行扩散填充,浆液对初支的挤压导致初支出现变形,并伴随有漏浆现象,此外,一般还会出现止浆墙开裂、注浆工作平台隆起等情况,增加了注浆工作平台附近段落安全风险。

对后面的初支及围岩处理后,重新向前注浆或向前掘进,又导致新做初支成型段产生新一轮变形,重新注浆或向前掘进又被迫暂停,导致向前推进的时间增加 1～2 倍。隧道突涌灾害治理工期之所以很长,主要原因是各项工作均陷入了恶性循环,在溃口段反复折腾,所耗费的时间过多。

4) 帷幕处治效果评价不科学

对于帷幕注浆的效果评价,片面强调开挖面的效果,以"眼见为实"为前置条件,注意到了明处的状态改善,而未留意、警觉料到暗处的不良情况,怀着侥幸的心理冒险掘进。

由于注浆加固地层,存在较大不均匀性,加固效果好、一般、差的区域往往都有一定分布。当掘进至较差的区域,倘若掘进方案不变,也未启动临灾预案,冒险掘进极易诱发突涌灾害。一般而言,在灾害原溃口处附近,后续再次发生特大突涌灾害,大多是冒险掘进引发的后果。

统计铁路隧道和公路隧道的突涌记录,大致有这样的经验教训:隧道每发生一次特大突涌灾害,至少耽误工期 6～8 个月,每次灾后治理突涌灾害导致的负进度就需要这个时间,一个部位发生两次特大突涌灾害,处理时间就要 1 年多。这是治理突涌灾害工期较长的主要原因之一。

7. 第四次特大突涌灾害之后面临的问题

从 2013 年 9 月发生了第一次特大突涌灾害,至 2015 年 10 月发生第四次突涌灾害,约共 25 个月施工时间内发生了 4 次特大突涌灾害,多次打击,进尺仅约 200 m,摆在建造者面前的形势严峻,压力巨大,当时重点思考的主要问题有以下几点。

(1) 地下水在隧道的哪些部位,应该治理到什么程度?

(2) 目前的突涌灾害溃口,应如何加固治理? 断面治理应多大? 长度应多长?

(3) 帷幕注浆导致后方的隧道初支结构变形速率大的问题,如何有效地解决?

(4) 还能引排水吗？怎么引排？引排水会有明显效果吗？

8. 上述主要问题的回应措施及得到的对应效果

问题1:地下水在隧道的哪些部位,应该治理到什么程度？

首先,采用瞬变电磁法定性测水,并制作探水云图,如图6.8和图6.9所示,帷幕注浆前测一次,完成帷幕注浆后再测一次,如果还需补注浆,视情况再测一次。

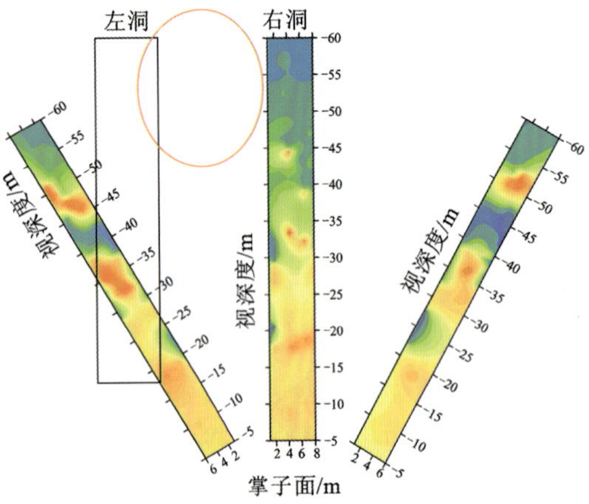

图6.8　治理前均昌隧道某处探水云图

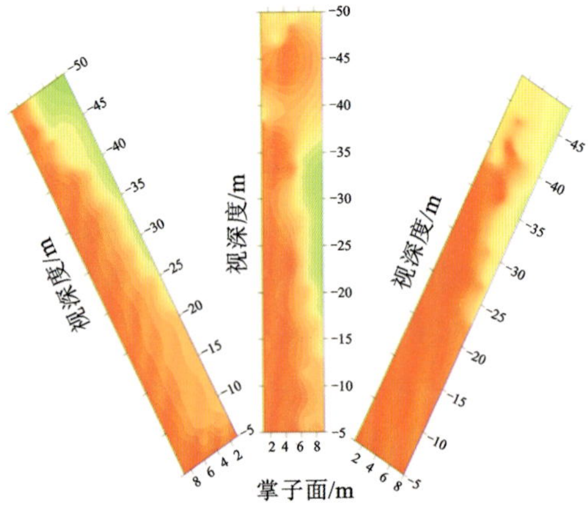

图6.9　治理后均昌隧道某处探水云图

瞬变电磁法数据处理后得到的定性探水云图中,蓝色的区域表示富水,颜色越深表示含水量越大;黄色表示少水,棕色或红色表示贫水。

帷幕注浆,重点治理富水区域,注浆治理后围岩环境处于少水或贫水的状态,在探水云图上至少显示为黄色,最好达到棕色或红色。

在开挖前,对于突涌溃口段,开挖轮廓线以外8 m的范围,探水云图上不允许存在成片蓝色;对于正常段,开挖轮廓线以外6 m的范围,探水云图上不允许存在成片蓝色;对于前方,实际处治长度的末端以外5 m的范围,不允许探水云图上出现成片蓝色。

同时,要钻孔检查出水量、成孔率等指标,以及开展注水或注浆试验,采集P-Q-T数值及绘图分析,如有条件钻孔取芯样测围岩强度和测量水压,多种手段多种方式是复核探水云图的准确性。

采取了上述措施后,得到如下效果。

(1) 等效断面出现了根本变化。帷幕注浆精细作业,围岩改变效果明显,隧道等效断面情况由图6.7的情况转变为图6.10的效果。隧道等效断面突涌烈度由原来图6.7的841%下降到图6.10的−5.18%,比计划目标$G<64\%$还小。治理质量合格,见图6.11,治理段已由突涌隐患区改变为非突涌隐患区。

(2) 隧道环境总体出现根本变化,在定性的探水云图上已能够判断,如图6.8和图6.9所示。

(3) 得到的启示:帷幕注浆治理的标准,至少使治理范围环境总体出现了根本的变化,如图6.8～图6.11所呈现出来的效果。

(4) 开挖实践证明,若定性探水云图为黄色,属于临界状态;再变为棕色或红色,则更

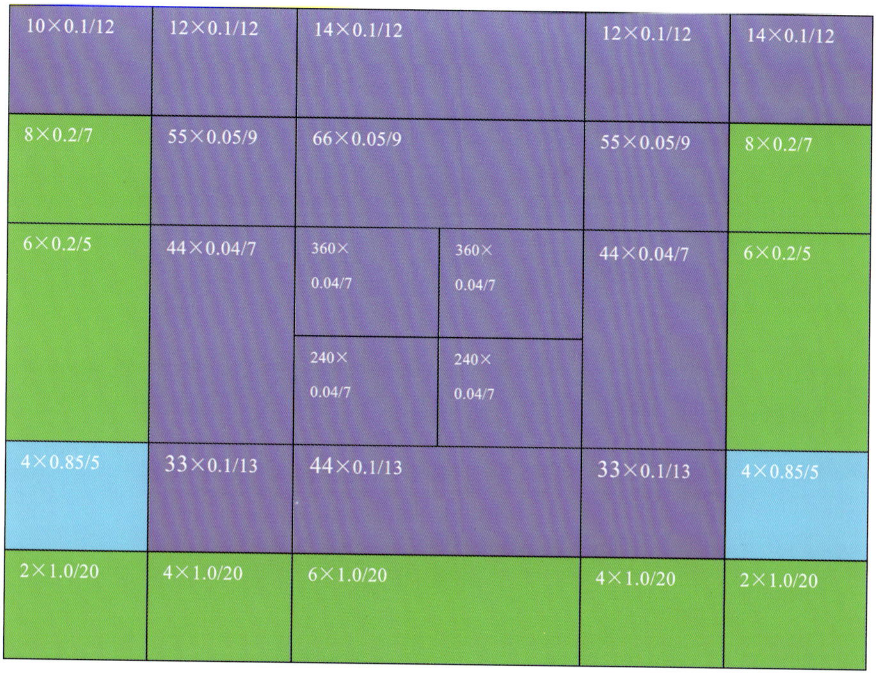

图 6.10　治理后典型等效断面各分区的突涌强度情况

(a) 左洞某断面围岩浆脉情况　　(b) 右洞某断面围岩浆脉情况

图 6.11　均昌隧道突涌隐患区注浆帷幕改善围岩情况

安全。

问题 2：如何加固突涌灾害溃口段？断面治理应多大？长度应多长？

右洞的前后两次特大突涌灾害溃口处相差不到 5 m，左洞的前后两次特大突涌溃口处相差不足 24 m；各自处治第一次的突涌溃口段时，长度不足 20 m，断面厚度不足 6 m。开挖过程中，各自又发生了第二次特大突涌，说明治理特大突涌灾害溃口段的断面厚度与长度不够可靠。

结合此前的失败教训，从稳健的角度，在治理第二次特大突涌溃口段时，帷幕注浆加固圈断面厚度增加到 8～10 m，右洞治理长度增长到 40 m，左洞治理长度增长到 30 m。治理后，保证治理区的探水云图上的颜色不出现蓝色。开挖只掘进到治理长度的一半左右，即右洞还剩 20 m，相当于 1.5B 的隧道长度，左洞还剩 15 m，相当于 1.0B 的隧道长度。

采取了上述措施后，得到的效果如下。

(1) 较顺利穿过特大突涌灾害溃口段。

(2) 未发生特大突涌灾害的突涌隐患地段，参考溃口段的类似做法，此后，没有出现特大突涌灾害和中型突涌灾害。

2013 年 9 月至 2015 年 10 月共 25 个月内，从业人员虽努力工作，但是进展缓慢，但自 2016 年 2 月，使用隧道突涌形态分析法的理念来治理灾害或隐患后，仅用 9～10 个月贯通了最困难地段，运营后，未出现较大的突涌传递效应，突涌灾害治理效果显著。

问题 3：注浆导致后方已成型的隧道初支结构变形速率过大问题，如何解决？

针对此问题，主要采取的措施如下。

(1) 预留安全长度。本循环治理后，要依据检测结果计算可开挖长度，至少预留 $1.5B$ 或 $1.0B$ 的长度作为安全储备，留做下一循环的过渡区。

(2) 加固后方已成型的隧道段。一是，尽可能优化各工序，争取做到让二衬与掌子面的距离缩短到 $2.0B$～$2.5B$；二是，对初支与围岩之间的空隙进行低压填充注浆，促使初支与围岩贴合紧密；三是，在拱形工字钢的接头处，采用长 5 ϕ108 mm 的钢管进行锁脚处置，并使之与工字钢焊接牢靠；四是，相邻两环拱形工字钢采用槽钢焊接相连，形成钢拱架结构，增强整体受力能力。

(3) 加强前方段。一是，在注浆孔内增加塑料管或薄壁钢管，注浆结束后留存塑料管或薄壁钢管于围岩中，增强围岩抗变形能力；二是，将净空变形量测工作与注浆控压工作绑定，一旦净空变形速率出现过大趋势，立即降低注浆压力或改用间歇式注浆。三是，增大止浆墙抗裂、抗变形措施。

采取上述措施后，获得如下效果：①基本解决净空变形速率和变形量大的问题。②对治理后的段落，只开挖其中一段，预留适合的长度不开挖，安全可靠度得到了根本提升。

问题 4：还能引排水吗？怎么引排水？引排水会有明显效果吗？

主要采取如下措施：一是，根据探水云图，认定蓝色颜色最深的区域、蓝色片区最连续的方位最富水。二是，沿该富水方位跟管钻孔，一直钻到钻孔只出较大量的清水而不出混水为止，(当然钻孔长度也有限度，本隧道的深孔不超过 60 m)。三是，钻孔排出较大量的清水后，仔细观测和探测前方段落与后方段落含水量的变化，各段的含水量均不同程度下降，事实证明远程引排水效果比较好。四是，帷幕注浆后，在注浆范围进行钻孔排水，用塑料管引排内部清水，使治理体更稳定。

采取上述措施后，获得的效果如下。

(1) 掌子面附近区域围岩含水量下降，有利各环节工作开展。压力水来自隧道底下 30～40 m 的位置，跟管钻孔钻至压力水的位置，可以引排出比较清澈的水体，引排水后发现，隧道周边的突涌孔隙型孕灾地质构造地层含水量有明显减少，尤其是多打孔引排水后，发现最佳的引排量为 240～300 m^3/h，这是针对减少隧道周边的突涌孔隙型孕灾地质构造地层含水量和减少地表变形而言的。这个最佳引排量是该隧道围岩水文地质条件下的经验值，不是普遍经验值，但启示是：某地层的水文地质条件，存在一个对应的最佳引排水量值。

引排水后，在完成注浆帷幕前，隧道开挖轮廓周边的水压，普遍下降了，各分区突涌源形态类别由原来的 V 类、VI 类，降到 IV 类、III 类，注浆效果和进度得到较大改善，完成帷幕注浆后，保持继续引排状态，隧道突涌源形态系数普遍稳定在 III 类，局部区域降至 II 类，显著改善开挖条件。

(2) 对围岩体外部远程引排后及内部注浆加固后，治理区域的内部，钻孔重力式引排水变得容易。如果外部未进行远程引排水，以及未进行内部注浆，要么，重力式排水较为困难，会出现排水量小或排水夹带大量泥沙的现象。治理后，根本改变了该尴尬情况。

9. 其他辅助措施

1) 推进二衬的办法

取消防水板挂布台车，将二衬台车的前端作适当改造，将防水板挂设与二衬混凝土台车合二为一，则无需专门的防水板挂布台车，扩大 10～15 m 隧道作业空间，二衬台车就能比以前向前多推进 10～15 m，能更加缩短二衬与掌子面的距离。

2) 及时遏制小型突涌灾害

经历大规模帷幕注浆后，被治理体总体治理效果发生转变，但局部可能没有改善，或改善效果不佳，尤其是存在溶蚀管道的区域，仍有可能发生小型突涌灾害。当掌子面局部部位出现掉粒、掉块、溜塌等情况时，应立即停止开挖，封闭掌子面，避免出现连锁塌方，如果不出现连锁塌方，封闭掌子面，再作局部处置，避免因小灾害引发大灾害。

3) 对地层环境进行精细干预

注浆施工作业首先需要找到精细化注浆的专业施工单位，能保证大部分所注浆液存留在设计范围内，以达到注浆效果。

帷幕注浆专业施工单位应成建制拥有自己的技术、管理、作业互补性工作人员，工作人员职业道德高尚、爱岗敬业、严谨负责、敢于担当，具有制浆、用浆自主知识产权与丰富实战经验，施工机械设备配套，设备水平在全国居先进水平，注浆过程配备电脑与注浆机械连接的注浆自动化记录仪器，有丰富经验和数据分析能力的技术干部现场实测数据并开展专项分析，以指导现场注浆；安排专门的技术人员全过程观察、记录钻孔、注浆情况，并根据情况变化实时动态调整和指挥注浆。

例如，同样是遇到了长时间、持续、大量、稳定吃浆的情况，粗放式注浆施工队伍可能认为是前方存在大腔洞，需持续注浆直到不进浆，非常耗时、耗费而未必有好效果。而精细化的注浆施工队伍会考究问题的细节、根源，如这种情况是在注浆过程哪个时间段发生的？是一直低压不进浆？抑或起压后，高压持续进浆？注浆高压是否大于所注浆的围岩的强度？如果开始不起压就持续大量进浆，由此判断前方有腔洞，此时浆液及其配比如何选择？（倘若是腔洞也不应不改变注浆浆材，不应维持一个注浆液长时间注稀浆，应改为浓浆，甚至砂浆或改泵入混凝土或其他费用较低的轻质胶凝物）；如果是逐渐起压，压力又大于围岩强度，则可判断不是腔洞，而是形成通道劈裂，发生了跑浆，浆体未存留在设计范围内，此时应改变工艺注浆，如间歇注浆。

在隧道存在较大突涌隐患，或发生了较大的突涌灾害后，修正设计提出要帷幕注浆，此时选择队伍务必谨慎，不是曾经干过注浆的人员和队伍就能承担这个任务，调查发现，在同一隧道发生过两次以上的特大突涌灾害的隧道，或多或少与选择了粗放式注浆队伍导致注浆加固效果差存在很大关联性，但是这涉及合同管理问题，失败不是个好事，怕产生负面影响，所以大家在书面经验总结时一般不会写这样的总结，因为书面总结总是不提及，许多单位则无视这个经验教训。

4）循环勘察

物探与钻探联合探水，针对性干预环境。

物探先行，对围岩含水程度进行定性，钻探检验，测取压力和水量。绘制出隧道环境中水体的埋藏图，针对性地钻孔引排水和针对性地注浆。

某一循环注浆前，按上述原则进行物探与钻探，针对性开展环境干预工作，干预后，再次进行物探与钻探，根据前后两次勘察的对比情况决定是否再补充干预环境或可以进行开挖掘进。开挖到位后，在进行下一循环治理前，又进行物探与钻探，如此循环轮回。

10. 上述措施哪些用到了突涌形态分析法的理念

1）非突涌隐患区

加固初支，将二衬、仰拱尽快成型并推进到与掌子面尽可能近的距离，相当于将非突涌隐患区前移靠近过渡区或突涌隐患区。非突涌隐患区越靠近过渡区或突涌隐患区，掌子面则越安全。

2）过渡区

治理前后进行探水云图颜色的对比，确保成片蓝色消除，变为黄色或棕红色，保证环境出现根本改变；在突涌灾害溃口段，适当增大断面治理范围，使突涌烈度变小；增大治理长度，对已治理的区域，保留较长的一段不开挖，相当于在突涌核心区人工构建过渡区。

第一，保证将突涌隐患区改善成非突涌隐患区；第二，保证过渡区长度大于等于修正开挖最小预留长度；第三，没有天然过渡区的区域，构建人工过渡区。

3）突涌隐患区

治理前后对比探水云图，并钻探核实，保证将突涌隐患区的环境改善为非突涌隐患区；采取远程引排水，减少隧道段围岩含水体的水量补给，降低突涌隐患程度。

4）对孕灾地质构造的推断

右洞发生两次以涌水为主伴有突泥的混合灾害，溃口段的淤积体主要是泥沙，少量为粗颗粒，淤积体未超过隧道空间的1/3，仍可目测到溃口，判断地质构造为突涌裂隙型孕灾地质构造和突涌孔隙型孕灾地质构造的混合构造，靠突涌灾害溃口处隧道上半部分为突涌孔隙型孕灾地质构造，隧道底部主体为突涌裂隙型孕灾地质构造。治理时，采取排堵结合的措施。

左洞也发生了两次突涌灾害，主要以突泥为主，辅以涌水，经在洞内设置阻拦墙阻拦突涌体后，突涌体逐步堆积到溃口，堆积至接近隧道空间的1/3，溃口因此短时停止涌水，经过一段时间又恢复突泥与涌水，然后又停歇，如此循环，判断溃口处地质构造为突涌裂隙型孕灾地质构造与突涌孔隙型孕灾地质构造，隧道距离突涌裂隙型孕灾地质构造较远。治理时，以堵为主。

11. 其他经验教训

1）有压的大水来自何处？

这个问题事实上决定了进度的有效与否和施工快慢，因为涉及了对隧道孕灾地质构造判断是否准确，并导致治理对策是否正确的关键。

设计人员认为地下水位位于地表以下2.5 m处，并认为地表雨水与隧道地下水有较强的水力联系，施工单位也怀疑地下水来自拱顶，着力从拱顶打孔排水，但要么没有水，要么排出来的是流量较小的浑浊水体，要么水体夹带大量泥沙流出；将注浆加固的重点放在拱顶部位，包括采用大管棚、小导管辅助开挖等措施，但拱顶围岩加固效果有限。

后来在 CK8＋860 处，往下钻较长的钻孔并套管（长 30～60 m），将钻孔打入中风化混合岩岩体内，才引排出较大水量的清水，见图 6.5 和图 6.6，每孔水量 40～120 m^3/h，总排水量达到 200 m^3/h 后，掌子面的全风化、强风化含水土体水位开始明显下降。

第 2 章介绍过不同地层存在伴生的情况，均昌隧道突涌隐患区的地层探明是突涌孔隙型孕灾地质构造地层，在其下部 30～60 m 的地方打孔能够排出每小时数十至上百立方米的清水，推测钻孔末端的地层为突涌裂隙型孕灾地质构造或突涌腔洞型孕灾地质构造地层，如图 6.12 所示。利用地层伴生的天然情况，对地层开展重力式排水，也是改变隧道孕灾地质构造环境的有效手段之一。

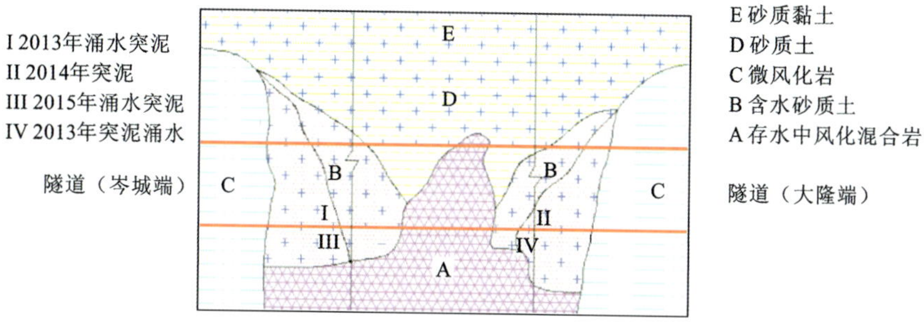

图 6.12　均昌隧道突涌段的实际地质水文情况示意图

2）水文地质认识经验教训

（1）突涌孔隙型孕灾地质构造的地层，如果地下水水压力比较大（大于 0.5 MPa），在一定范围内必存在突涌裂隙型孕灾地质构造或突涌腔洞型孕灾地质构造地层，形成输水导水系统。突涌孔隙型孕灾地质构造地层，断面内都含水和存水的情况下，有压水体来源方向是围岩强度相对高的地方。沿该方向引排水，可以明显改变隧道掌子面的水环境。

（2）设计经验教训：①对于本隧道，在突涌隐患核心段，如果将隧道高程提高 15～20 m，整个隧道的纵坡设计也能符合规范的要求，则隧道的大部分分区环境将处于突涌形态 III 类或 II 类的环境内，突涌烈度将随之降低。②对于后续隧道，如果勘察资料表明当前的隧道段存在严重的突涌隐患，则可进行平面与纵面的调整，或许可以避开附近恶劣的环境，获得相对较好的环境，从而使隧道减少病害。

均昌隧道治理突涌隐患和灾害的失败与成功经验，是一项宝贵的正反面工程经验教训，既充分说明了偏离突涌形态分析法的理念为何遭遇到失败与打击的深层次原因，也有力地佐证了隧道突涌形态分析法应对突涌问题的适用性、可靠性、有效性。

6.2　岭脚隧道突涌灾害或隐患治理实践

岭脚隧道是包茂高速公路广西境内的一座隧道，全长 790 m，为双洞小净距隧道，两洞净距 17 m。单洞车道数为 2 车道，设计净空 10.75 m×5 m，开挖轮廓接近圆形。纵坡为单坡，坡度为 2%。隧道于 2010 年 12 月开工,2015 年 4 月贯通。

隧道位于广西东南部,南亚热带季风气候,年平均降雨量超过 1 600 mm,植被密布。隧道穿越两条山脉相接处之垭口,最大埋深 136 m。大部分地段的地层岩性为第四系覆盖层和下古生界加里东期混合花岗岩,取样在室内进行矿物质成分分析,表明存有白云岩的成分,开挖后,目测突涌灾害区的岩块,既类似花岗岩,也类似白云岩。地貌情况见图 6.13,突涌灾害地段地质示意图,如图 6.14 所示。

图 6.13 岭脚隧道地貌情况

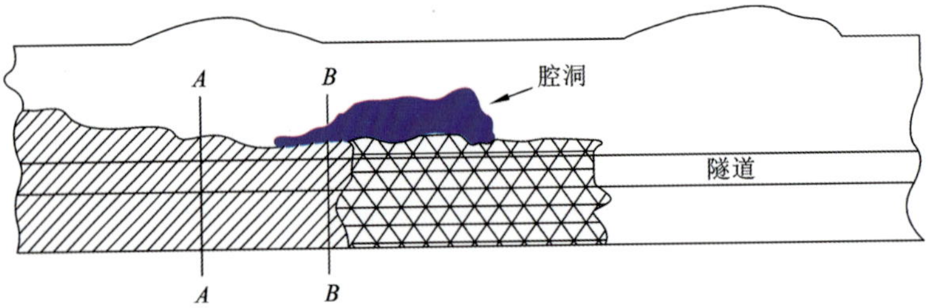

图 6.14 岭脚隧道突涌位置及地质情况

1. 突涌地段

在隧道茂名端设工区从茂名向岑溪方向单头掘进,如图 6.14 所示,由左向右开挖,当右洞掘进至 EK18+215,累计进尺约 330 m 时,即图 6.14 中的 *A-A* 断面处,掌子面围岩是中风化至微风化混合岩,开挖轮廓内围岩完整性程度开始显著地向破碎状态发展,裂隙增多且有少量含铁锈水渗出,2011 年 10 月 19 日晚 6 时左右,施工单位在 *B-B* 断面处进行爆破作业后,正待烟尘散去以便开展装渣工作,突然一声闷响,泥水流迸发而出,当时洞内有一壮年男性工人在深入洞内 160 m 处开展作业,当他听到闷响后,立即拔腿就往洞外拼命猛跑,在他刚跑出洞口时,奔涌而出的泥水流已飞溅到他裤腿,最终他到洞外选择横向逃离,惊险逃过一劫。以洞口为界线,直至越过洞口那一刻,这个工人跑了 160 m,而泥水流流体“跑”了 330 m,从这个工人逃生跑步速度粗略推算为 25~30 km/h,那么,迸发突涌的泥水体速度达到 60 km/h 以上。

奔流出隧洞洞口的泥水体主要是以水及细粒泥沙为主,约各占 50%;少量的大石块及粗粒径小石块,滞留于洞内掌子面附近,离掌子面越远,大石块及粗粒径的小石块越少。突涌灾害高峰期,泥水体在洞内的污染高度:掌子面附近约为 5 m,洞口约 1.5 m。突涌灾害后期,泥水体在洞内堆积高度:掌子面附近约为 3 m,洞口约 0.5 m。未暴发突涌前,挖掘机、装载机在洞内,离洞口 220 m 处,二衬台车及排布台车在洞内距离洞口约 190 m 处,突涌体将这些机械及设施推移至洞口外,见图 6.16。

图 6.15　突涌结束后第 2 天洞口灾情

猛烈的突涌灾害大约持续 1 h,峰值突涌量约 5 000 m^3/h,随后减弱,约有 6 h 流量平稳,量值约 3 000 m^3/h,之后逐渐减小,大约 2 天后只有不足 10 m^3/h 的流淌水。突涌灾害还引发地表冒顶塌陷,地表的树木有部分溜塌至隧道洞内。隧洞内累积泥沙、石块等约 7 000 m^3,靠洞口的地段基本为淤泥,靠掌子面的地段为大石块及粗粒石子。该次突涌灾害,基本把隧道地段的水体排泄完毕,其后,隧道的掘进开挖没有遇到大于 30 m^3/h 的涌水量。

通过水平钻孔探测,未开挖段部分地段为腔洞及裂隙地层,是突涌腔洞型孕灾地质构造、突涌裂隙型孕灾地质构造、突涌孔隙型孕灾地质构造地层的混合充水地层,突涌腔洞型孕灾地质构造地层的主体处于隧道拱顶上部,如图 6.14 和图 6.16 所示。

图 6.16　在溃口处附近的腔洞

2. 水压

溃口处附近隧道埋深 120～140 m,设计单位推测含水地层厚度为 23～28 m,影响半径 500 m,未推算水压。暴发突涌后,物探探测到含水地层厚 50～70 m,估算未暴发突涌时腔洞内部的水压约为 0.5 MPa,附近中风化岩层水压约为 0.2 MPa。

3. 围岩强度

接近突涌灾害溃口，隧道开挖轮廓线内，为中风化至微风化混合岩石块，轴心抗压强度为 40 MPa；邻近溃口，及腔洞外缘，中风化破碎混合岩，轴心抗压强度为 15 MPa；腔洞内壳，为强风化含水层，轴心抗压强度为 4.5 MPa。

4. *J* 值及突涌形态类型

1）未暴发突涌灾害时的隧道开挖轮廓内

$J_1=0.0/40=0$，突涌源形态为Ⅰ类。

2）中风化破碎区

$J_2=0.2/15=1.3/100$，突涌源形态为Ⅳ类，为灾害类别。

3）腔洞内壳

$J_3=0.5/4.5=1.1/10$，突涌源形态为Ⅴ类，属于灾害类别。

5. 灾害暴发原因分析

为何隧道埋深不高，却能释放出如此巨大能量？

这是因为隧道顶部存在巨大的充水、充泥腔洞。距离腔洞较远时，隧道开挖轮廓线内的围岩较好，只有少量裂隙，含水较少，随着开挖掘进越来越靠近腔洞，隧道顶板越来越薄，隧道断面突涌烈度则越来越大，当顶板厚度处于临界值时，爆破振动引起顶板断裂、破裂，从而诱发突发的特大突涌灾害。

在后续的探测与开挖掘进中，发现溃口处拱顶破裂的顶板约 6 m，约 3.5 m 为中风化至微风化岩石，约 2.5 m 为中风化岩石。

6. 后续施工面临的最大问题与疑问

隧道未开挖段及附近是否还埋藏着类似这样的拥有巨大泥水混合物的腔洞？这次特大突涌灾害把泥水混合物突涌完了没有？还有类似的腔洞吗？还有多少？后续施工还会不会暴发如此严重的突涌灾害？如何避免？

不管是参与隧道建设的人员，还是前来指导的专家，均不约而同地提出了类似的问题。

7. 后续施工是如何应用突涌形态分析法干预环境的

后续施工应用隧道突涌形态分析法来干预环境，并获得成功，主要有如下 5 点。

1）依据突涌灾害形态反向分析

该特大突涌灾害是以涌水为主体伴随突泥的混合灾害，水体及细颗粒沙土涌出洞外，靠近溃口处石块、粗颗粒堆积但数量较少，没有堆积填满溃口，判断孕灾地质构造为突涌腔洞型地质构造。

2）首先回应面临的最大问题与疑问

补充勘察，正向分析突涌隐患源。

物探中期预报和短期预报相互校验，物探找水及找空腔，再使用水平地质钻机靠拱顶部位、拱腰三个主要部位钻孔，单个钻孔一次性钻孔长度超过 60 m，开挖掘进，掌子面桩号变化推进后，循环接力再向前钻探。

补充物探及水平超长钻探，没有发现丰富存水情况，也没有发现较大型的腔洞，但是发现了数量不少的直径小于 2 m 的空腔，少数腔洞存有少量水，水压较小。初步判断，没有了以前那样严重的突涌隐患，因此，判断未开挖地段的分区突涌形态不会为 VI 类或 V 类，至多为 IV 类，普遍为 III 类。这为敢于向前掘进，提供了决策依据。

3）治理期与开挖掘进期的短期勘察与治理

确定处治起始断面后，使用物探及水平钻探开展短期探查，先用物探超前预报定性探水，再用钻机在不同部位往前 15～20 m 钻孔探水及验证物探，探查与验证存水情况及空腔情况。

重点探查隧道正面拱腰以上的范围和拱顶范围，也就是断面第一层、第二层的上部。

通过钻探，遇到腔洞，至少钻两个孔，先把腔洞的水引排出来，然后把砂浆或水泥浆注进腔洞，预留着一个钻孔不注，空着，其余钻孔均实施压力注浆，注浆体的压力将腔洞里面的水和泥浆从空着的钻孔挤压出来，从而保障腔洞充满或基本充满浆体；对于隧道等效断面以外的腔洞，则在断面内通过注浆把上下连通的管道或通道予以堵塞，以防等效断面外的泥水流或泥石流冲进等效断面，这样极大改善了前方隧道等效断面内的环境。

勘探时留意各断面各部位的围岩强度强弱，注意岩石与土体的分界，注意岩石完整与破碎的分界，在注浆治理时，注意强化软弱破碎之处的围岩加固。

4）开挖预留安全余地

前方有腔洞时，前方 $1.5B\mu$ 范围内先注浆充填腔洞，开挖过程则始终保持前方有 $1.0B\mu$ 的预留安全长度，在此条件下，开展下循环钻探及环境干预。

5）溃口段治理范围的特别说明

溃口段拱部环向 120°的范围采用大管棚，长度 18 m，穿越溃口，末端入岩 6 m，管壁开小孔，从管口往管中灌注水泥浆，压力控制为 2.0 MPa。拱部环向 180°的范围按 60°的斜插角加设小导管，插入围岩的厚度大约 3.8 m，小导管管身开有小孔，水泥浆注入小导管中，一并加固围岩。

溃口段环向断面围岩加固范围没有专门加厚，因为经探测到溃口处围岩多为石块，没有水，所以没有专门增大加固厚度。这与均昌隧道溃口处要专门增大加固厚度不同，均昌隧道突涌形态源系数 J 值和隧道等效断面突涌烈度 G 值均较大，而岭脚隧道突涌形态源系数 J 值和隧道等效断面突涌烈度 G 值均较小，所以无须专门增大加固厚度。虽然没有对溃口段增大治理断面，但在溃口段采用了大管棚并注浆措施，采用了系统小导管并注浆固结围岩，较好地加固了溃口。

岭脚隧突涌灾害及隐患治理实践，说明了通过勘探正向与反向分析突涌源，引排水干预环境，注浆治理环节每循环开挖保持安全步距，按突涌形态分析法的精髓开展修正设计与施工，能够有效应对特大隧道突涌灾害。

6.3　隧道突涌灾害形态分析法总结

对地质块水-岩环境进行分析时，将围岩稳定性与地下水赋存状态的正向分析和反向分析予以合并，得到水压、围岩强度、围岩颗粒级配修正系数定义的突涌源形态系数，从而确定了 6 种突涌源形态类别。

基于水文地质条件不一定均匀分布的状况，对隧道断面进行了力学分区和几何分区，确定了隧道基准等效断面，提出了估算隧道等效断面突涌灾害程度的方法，为识别、分析、治理、评价提供了依据。

建立了隧道突涌灾害暴发模型，确立了非突涌隐患区、过渡区、突涌隐患区的概念，提出了掌子面突涌灾害暴发的危险程度、帷幕注浆加固半径、隧道临界顶板厚度、引排水效果、治理循环区段的帷幕注浆长度和开挖长度及预留长度的估算方法。

从而形成了成套的勘察设计正向分析与施工控制反向分析循环交互使用的方法体系。

1. 核心方法

隧道突涌源的隐伏形态和隧道突涌灾害的宏观形态存在密切联系，隧道段由非突涌隐患区、过渡区、突涌隐患区组成，当挖掘深入过渡区一定程度，突涌隐患就转化为灾害，因此，只要正确定义突涌源形态并归纳其类型，就能够将隧道突涌源的隐伏形态和隧道突涌灾害的宏观形态对应起来，从而开展对隧道断面、段落属性的认定，施工过程循环确立与推进过渡区，直到将突涌隐患区消灭。

2. 技术路线

简要地概括为：一模二图一表，如图 6.17 所示。一模是指一个隧道突涌灾害暴发模型，它是连接二图一表的中转站；二图是指引排水及注浆工艺适用条件图和突涌源形态细分图；一表是指隧道等效断面各分区突涌强度和突涌烈度计算表。

一模是理念，是突涌源及突涌隐患存在于自然界的一般方式和突涌隐患转化为灾害的规律，需要将模型的概念应用到具体工程并落实到设计与修正设计文件当中，明确指出隧道段的非突涌隐患区、过渡区、突涌隐患区的桩号部位。

一表是分析方法，当获取到隧道围岩的水文地质数据后，可以估算隧道突涌源形态类别、等效断面突涌隐患程度、隧道段落突涌隐患程度。

二图是治理措施与手段，针对特定的孕灾地质构造环境，结合引排水和注浆的尺度效应经验，合理选择引排水方式和注浆加固工艺，从而达到有效改变隧道隐患环境的目的。

3. 控制指标

在隧道施工期间，应牢牢控制好两方面的指标：断面尺度和纵向尺度。

1）断面尺度

(1) 准确估算加固厚度，治理过程的加固范围，既要防止过于偏小，从而导致治理质量不合格，也要防范过于扩大，浪费工期和费用。

(2) 准确估算隧道顶板临界厚度，开挖过程要保证隧道顶板足够厚度，避免发生突发突涌灾害，确保安全。

2）纵向尺度

在向前方开挖掘进时，始终要保证预留长度大于等于修正开挖最小预留长度，以确保安全。

4. 五类重点问题和相应的五种解决方法

1）五类重点问题

总而括之，本书探讨了如下主要问题。

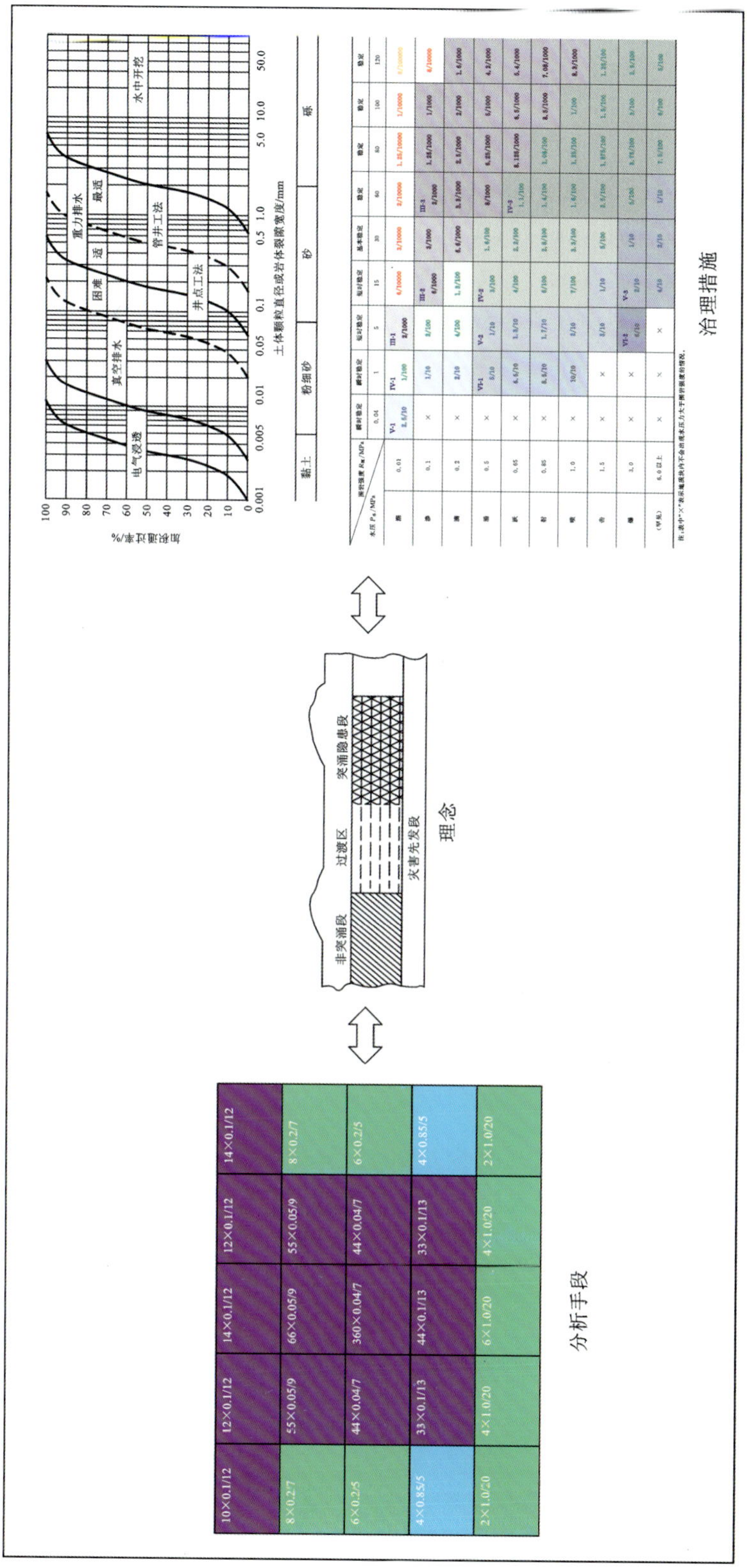

图 6.17　形态分析法技术路线

(1) 基于隧道突涌源的隐伏形态和突涌灾害的宏观形态存在密切的联系，如何定义突涌源形态和类别，从而实现隐伏形态与灾害宏观形态的对应问题?

(2) 考虑隧道各段落和各断面的水文地质条件的非均匀分布特征，如何综合评价隧道等效断面的突涌隐患强弱程度?

(3) 隧道开挖掘进到当前掌子面，如何评估当前掌子面暴发突涌灾害的危险程度?

(4) 发现隧道前方存在突涌隐患，如果采用帷幕注浆治理，如何估算帷幕注浆加固半径?或者，如何采取引排水措施，如何评价引排效果?

帷幕注浆前，如何确定治理循环区段的计划帷幕注浆长度、计划开挖长度、计划预留长度?

帷幕注浆后，进行质量检验，如何最终确定治理循环区段的开挖长度、预留长度?

(5) 前方存在腔洞或溶洞，如何估算隧道的临界顶板厚度?

2) 形成 5 种方法

回应上述问题，居于从局部再到整体的理念，随着分析的逐步深入，形成了如下 5 种相应解决问题的方法。

(1) 一种定义突涌源形态和类别从而实现识别突涌隐患隐伏形态与灾害宏观形态的对应方法。

(2) 一种估算深埋隧道等效断面突涌灾害烈度的分析方法。

(3) 一种判断深埋隧道掌子面暴发突涌灾害的危险程度的分析方法。包括确定治理循环区段的计划帷幕注浆长度、计划开挖长度、计划预留长度的方法。

(4) 一种估算评价突涌灾害的治理质量的方法，包括估算隧道帷幕注浆加固半径的方法，估算引排水效果的方法。

(5) 一种估算突涌隐患隧道临界顶板厚度的方法。

5. 服务于 4 个工作环节

上述 5 种方法，服务于抗突涌 4 个工作环节：识别突涌隐患、分析突涌隐患程度、治理隐患或灾害、评价治理效果。形成了 4 步动态循环分析法。

6. 突涌形态分析法的运用前提条件

历来，人们就具有正确的治理突涌灾害的思路：第一是降低水压，第二是提高围岩强度，第三是既要提高围岩强度也要实施降压；在“防、排、堵、截”4 种手段中，或单独实施，或组合应用。

有过隧道建设经历的人们一般都能够了解与理解这个思路，但有思路不一定能解决问题，如果缺乏了理论、方法和手段，仅有思路就易在实际中做“过头”或“不及”，或者浪费，或者不能从根本上解除隐患。为了防止推广应用时出现重大偏差，应用隧道形态分析法治理突涌需要如下主要前提条件。

1) 水压与围岩强度数据的采集

水压与围岩强度数据是估算突涌源形态系数 J 值、突涌强度 Q 值、突涌烈度 G 值的基础，也是形态分析法的基石，必须结合物探与钻探、施工作业钻探等手段予以获取；物探和钻探难以提取到的，要依据经验推算。

2) 隧道等效断面框定的准确性与治理范围

隧道等效断面的力学分区会影响到治理范围。隧道等效断面经力学推导得到，弹塑性区与塑性区随环境条件变化而变动，隧道等效断面的框定虽然不够精确，但是准确性是较高的，完全否定隧道等效断面的力学分区方法，分析、治理突涌隐患或灾害就失去了标靶，而片面地强调隧道等效断面力学分区的精确，是言过其实。

这就需要强化勘察，通过勘察判断孕灾地质情况，依据孕灾地质特征确定治理范围，再依靠施工及量测数据的反馈，修正治理范围，以获得安全、费用、工期上的协调与平衡发展。

3）干预环境要重视引排水和注浆的尺度效应

引排水和注浆的尺度效应是干预环境的标尺。突涌源形态系数携带了有效干预环境的暗示信息，将突涌源形态系数和水压、围岩强度置于突涌源形态细分图上观察，将获得干预环境的启示。

有些隧道突涌灾害难以治理，主要原因是干预环境不奏效，存在突涌严重隐患的环境不改变，掘进就遇到巨大困难。

自然界多数孕灾地质条件是递变的或渐变的，并且是相互联系的，这里发现了这样的孕灾地质构造，在一定范围内存在另一种关联地质构造的概率是较高的，治理突涌隐患，不但要看目前面临的地质构造，而且还有看相邻的地质构造，甚至更远的区域。

干预隧道环境，可以从隧道等效断面的内部来干预，也可以从其外部来干预，或者内部结合外部来干预，总之，尽可能使用有效、实用、性价比高的措施与手段。

4）循环推进

隧道突涌形态分析法的精髓是隧道开挖掘进过程中始终保持修正的开挖最小预留长度作为安全步长。

每一循环，治理前后均需开展勘察，通过两次勘察获取的成果对比，评价突涌隐患段的环境变化，根据该变化确定本循环可开挖掘进的长度，无论如何都要保证预留长度大于等于修正的开挖最小预留长度。下个循环的勘察、分析、治理、评价等环节，同样遵守这样的规定，循环推进，环环相扣。

这是隧道突涌形态分析法的硬性规矩，破坏这个规矩擅自超挖，即使在其他方面有一定保障，也必将遭遇失败。

综述以上，隧道突涌形态分析法承传了传统的抗突涌有效经验，克服了传统做法存在的不足与缺陷，科学合理、简单易行，将隧道突涌灾害定性化与定量化分析推至新的高度，对隧道及地下工程的技术发展与进步将具有较大的促进作用。

参考文献

陈卫忠,等,2009.深部软岩围岩变形与松动圈研究报告[R].中国科学院武汉岩土力学研究所研究报告.

陈卫忠,等,2017.复杂条件下城市地下空间开发与利用关键技术研究报告[R].中科院武汉岩土所研究报告.

陈益,苏刚锋,陈敏,2011.锦屏山隧道西端高压大流量地下水处理技术[J].地质装备,12(2):31-36.

崔玖江,崔晓菁,2011.隧道与地下工程注浆技术[M].北京:中国建筑工业出版社.

高谦,施建俊,李远,2011.地下工程系统分析与设计[M].北京:中国建材工业出版社.

关宝树,2003.隧道工程设计要点集[M].北京:人民交通出版社.

关宝树,赵勇,2011.软弱围岩隧道施工技术[M].北京:人民交通出版社.

关宝树,2016.矿山法隧道关键技术[M].北京:人民交通出版社.

郭志业,等,2009.岩土工程中地下水危害防治[M].北京:人民交通出版社.

国家安全生产监督管理总局,2009.煤矿防治水规定[S].北京:煤炭工业出版社.

国家技术监督局,1991.矿区水文地质工程地质勘探规范:GB 12719—1991[S].

国振喜,曲昭嘉,2008.建筑地基基础设计手册[M].北京:机械工业出版.

韩直,杨荣尚,易富君,2012.公路隧道运营安全技术[M].北京:人民交通出版社.

胡德勇,2013.钟家山隧道突水(泥)灾变演化分析及治理对策研究[D].北京:中国地质大学.

湖北省质量技术监督局,2013.公路隧道监控量测技术规程:DB42/T 900—2013[S].

黄均林,等,2010.穿越锦屏山.中铁二局二公司.

黄世武,2017.低水压隧道涌水突泥迸发灾害简明分析法研究[J].公路交通科技(应用技术版),(2):174-178.

建设综合勘察研究设计院,2008.工程建设水文地质勘察标准:CECS 241:2008[S].北京:中国计划出版社.

冷雅梅,2013.胡麻岭隧道第三系富水低渗透性粉细砂地层施工方法和工程措施探讨[J].现代隧道技术,50(2):158-163.

李术才,2014.隧道及地下工程突涌水机理与治理[M].北京:人民交通出版社.

李术才,2015.隧道突水突泥灾害源超前地质预报理论与方法[M].北京:科学出版社.

李术才,2017.深长隧道突水突泥重大灾害致灾机理及预测预警与控制理论[R].国家973计划项目研究报告.

廖朝华,郭小红,2012.公路隧道设计手册[M].北京:人民交通出版社.

林作雷,2011.厦门翔安海底隧道施工关键技术[M].北京:人民交通出版社.

刘春华,2008.水文地质与电测找水技术[M].北京:黄河水利出版社.

刘志刚,凌宏亿,俞文生,2011.隧道隧洞超前地质预报[M].北京:人民交通出版社.

美国内政部垦务局,2012.工程地质现场手册[M].天津:天津大学出版社,

彭立敏,等,2009.隧道工程[M].湖南:中南大学出版社.

石玉锋,阳军生,杨峰,等,2013.软弱围岩大断面隧道相向施工围岩稳定性分析与掌子面加固研究[J].公路交通科技,30(5):82-111.

王梦恕,等,2010.中国隧道及地下工程修建技术[M].北京:人民交通出版社.

王守仁,等,2001.不良地质隧道的开挖及支护技术研究.中铁二局集团有限公司.

王毅才,2006.隧道工程[M].2版.北京:人民交通出版社.

肖广智,2015.不良、特殊地质条件隧道施工技术及实例(二)[M].北京:人民交通出版社.

肖广智,2016.铁路隧道施工新技术[M].北京:人民交通出版社.

肖庆辉，2009. 中国典型造山花岗岩与大陆地壳生长研究[M]. 北京：地质出版社.
徐智彬，2013. 水文地质勘察方法[M]. 北京：中国地质大学出版社.
杨磊，章仁财，2013. 钱江隧道关键技术创新与实践[M]. 北京：中国建筑工业出版社.
张永成，2012. 注浆技术[M]. 北京：煤炭工业出版社.
张忠学，2009. 工程地质与水文地质[M]. 北京：中国水利水电出版社.
张倬元，等，2013. 工程地质分析原理[M]. 北京：地质出版社.
中国工程院，2013. 岩爆、突水突泥灾害预测预报预警与防治控制技术[M]. 北京：高等教育出版社.
中交第一公路工程局有限公司，2009a. 公路隧道施工技术规范：JTG F60—2009[S]. 北京：人民交通出版社.
中交第一公路工程局有限公司，2009b. 公路隧道施工技术细则：JTG/T F60—2009[S]. 北京：人民交通出版社.
中交第一公路勘察设计研究院有限公司，2011. 公路工程地质勘察规范：JTG C20—2011[S]. 北京：人民交通出版社.
重庆交通科研设计院，2004. 公路隧道设计规范：JTG D70—2004[S]. 北京：人民交通出版社.
周德泉，彭柏兴，陈永贵，等，2008. 岩土工程勘察技术与应用[M]. 北京：人民交通出版社.
周丁恒，曹力桥，曲海锋，等，2009. 不同围岩情况下特大断面公路隧道施工变形监测与控制[J]. 岩石力学与工程学报，28(12)：2510-2519.
周文，等，2017. 均昌隧道富水风化花岗岩不良地质段施工关键技术研究[M]. 北京：科学出版社.
周烨，2013. 富水弱成砂岩隧道力学特性与支护对策研究[D]. 北京：北京交通大学.
Hudak P F，2010. 水文地质学原理[M]. 北京：高等教育出版社.